KB178971

오일러가 들려주는 수의 역사 이야기

오일러가 들려주는 수의 역사 이야기

ⓒ 오채환, 2010

초   판   1쇄 발행일 | 2006년 1월 19일
개정판   1쇄 발행일 | 2010년 9월 1일
개정판 11쇄 발행일 | 2021년 5월 31일

지은이 | 오채환
펴낸이 | 정은영
펴낸곳 | (주)자음과모음

출판등록 | 2001년 11월 28일 제2001-000259호
주   소 | 04047 서울시 마포구 양화로6길 49
전   화 | 편집부 (02)324-2347, 경영지원부 (02)325-6047
팩   스 | 편집부 (02)324-2348, 경영지원부 (02)2648-1311
e-mail | jamoteen@jamobook.com

ISBN 978-89-544-2078-5 (44400)

오일러가 들려주는

수의 역사
이야기

| 오채환 지음 |

|주|자음과모음

오일러를 꿈꾸는 청소년을 위한 '수의 역사' 이야기

우리가 단순히 '수' 자체를 학습하는 것이 아니라 그 역사를 통해서 살펴보는 이유는, 낱낱의 문제와 씨름하기보다는 수의 세계 전체를 파악하고자 하는 목적 때문입니다.

결코 짧지 않은 수의 역사에서 그 최초 기원을 찾기란 쉽지 않습니다. 그래서 수학의 역사는 다른 역사와 마찬가지로 '기록이 남아 있음'을 편의상 하나의 기준으로 삼고 있습니다.

이 책에서는 기록이 남아 있는 역사를 다루되, 오늘날 통용되고 있는 수 체계를 순서대로 살피고 있습니다. 그것은 원시적인 수에 대한 탐색은 생략하고 자연수로부터 출발하여 초월수까지 전개된 과정을 다룬다는 것을 뜻합니다.

수의 역사 속으로 여러분을 안내할 해설자가 스위스의 천재 수학자 오일러인 이유는 그가 2가지 초월수인 π와 e에 대한 연구에서 뛰어난 업적을 남겼기 때문입니다. 그는 해석학, 즉 미적분학을 가장 화려하게 꽃피운 수학자로 꼽히지만 수학의 전 분야에 걸쳐 그가 이룬 업적은 방대합니다.

오일러는 20대 초반에 병으로 한쪽 눈을 실명하고도 밤을 새며 수학 연구에 몰두하다 나머지 눈마저 실명하게 되었습니다. 그러나 그는 완전 실명 이후에도 비서에게 자신의 생각을 받아 적게 하여 연구를 계속했습니다. 그의 묘비에는 위대한 수학자답게 '죽어서야 세상에서의 계산을 멈춘 수학자'라는 인상적인 묘비명이 실려 있지만, 정작 유언은 간단명료했습니다.

"나는 죽는다(I die!)"

수의 역사를 살핌으로써 여러분도 나름대로 새로운 역사에 대한 안목을 갖추고, 어느 정도 예견해 보기 바랍니다.

오 채 환

차례

1

자연수,
오래전 자연스럽게 등장한 수

자연수는 사물의 개수를 세기 위해 가장 먼저 등장한 수입니다.
자연수는 어떻게 정의되며, 어떤 성질을 가지고 있는지 알아봅시다.

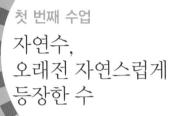

첫 번째 수업

자연수,
오래전 자연스럽게
등장한 수

오일러는 자연수에 대한 설명으로
첫 번째 수업을 시작했다.

자연수 체계의 정의

자연수를 받아들이는 것이 자연스러운 이유는 사물의 개수를 세는 기본적인 행위에 필요한 수이기 때문입니다. 그 표시 또한 가장 간단하고 수월합니다. 실제로 자연수의 사용은 수의 역사에서 가장 먼저 이루어졌으며, 다음과 같이 간단하게 표시됩니다.

$$1, 2, 3, 4, 5, \cdots, n, \cdots$$

광인 그렇지만 가장 큰 자연수는 말할 수 없는 걸요.

맞습니다. 이런 간단한 표시에서도 알 수 있듯이, 맨 먼저 떠올리는 어려움은 한없이 커진다는 사실입니다. 다시 말해 가장 작은 수 1은 명확하게 제시되지만 그 끝은 알 수 없다는 점입니다. 이런 성질을 갖는 자연수 전체를 하나의 집합으로 보고 체계적으로 그 성질을 명확하게 제시한 것은 놀랍게도 최근의 일입니다. 1889년 이탈리아의 수학자 페아노(Giuseppe Peano, 1858~1932)는 자연수 집합의 성질을 다음과 같은 5가지의 공리로 멋지게 압축하여 제시했습니다.

1. 1은 자연수 집합의 원소이다(출발점 1을 명시함).
2. 자연수 집합의 한 원소 x가 있으면, 반드시 그 다음 수 x'이 있다(다음 수를 계속해서 만들어 나감).
3. x가 어떤 값이더라도 x'은 1이 아니다(출발점으로 되돌아오지 않아야 함).
4. 서로 다른 수는 그 다음 수들도 서로 다르다(중간에라도 제자리걸음을 하지 않아야 함).
5. 이상 4가지 조건을 만족하는 집합은 그것을 부분집합으로 하는 집합과 같다(자연수 이외의 수가 포함되는 것을 막음).

견자 제 생각에는 페아노의 공리가 오히려 자연수에 대한 이해를 더 어렵게 만드는 것 같아요.

인정합니다. 이와 같은 공리적 정의는 너무나 압축된 것이어서 그 의미나 중요성을 전공자가 아닌 일반인들이 알기는 쉽지 않습니다. 그래서 필요할 때마다 두고두고 음미하기로 하고 간단히 소개만 하도록 하죠. 이제 실제로 자연수를 통해서 우리가 학습해야 할 내용으로 넘어가겠습니다.

자연수의 사칙 연산(덧셈, 뺄셈, 곱셈, 나눗셈)

자연수의 사칙 연산에서 자연수끼리의 덧셈과 곱셈은 아무런 제약 없이 이루어지지만 뺄셈은 크기의 제약 안에서만, 그리고 나눗셈은 배수·약수의 제약 안에서만 이루어진다는 사실을 명심해 둘 필요가 있습니다. 여기서 덧셈과 곱셈이 아무런 제약 없이 이루어진다는 사실을 달리 표현하면, '자연수 집합은 덧셈과 곱셈에 대하여 닫혀 있다'고 할 수 있습니다.

견자 '닫혀 있다'는 말이 잘 이해되지 않습니다.

풀어서 설명하자면 자연수끼리는 아무리 더하거나 곱해도 자연수라는 범위 밖의 수가 나타나지 않는다는 뜻입니다. 그리고 '뺄셈은 큰 수에서 작은 수를 뺄 경우에만 닫혀 있으며, 나눗셈은 분자가 분모의 배수일 경우에만 닫혀 있다'고 할 수 있습니다.

견자 아하, 예를 들면 자연수 3과 5는 덧셈을 하면 $3+5=8$로 자연수인데, 뺄셈을 하면 $3-5=-2$가 되어 자연수끼리의 뺄셈은 반드시 자연수라고 보장할 수가 없군요. 그래서 자연수 집합이 뺄셈에 대해서는 '닫혀 있지 않다', 즉 '열려 있다'고 표현하는 것이군요.

잘 이해하고 있군요.

향원 자연수끼리의 곱셈도 항상 자연수가 되니까 자연수는 곱셈에 대해서 닫혀 있습니다. 그렇지만 지연수의 나눗셈은, 예컨대 $45÷9=5$의 경우처럼 분자가 분모의 배수일 때에는 결과도 자연수이므로 닫혀 있지만, $45÷6=7.5$로서 자연수가 아닌 소수가 나오므로 자연수끼리의 나눗셈은 반드시 자연수라고 보장할 수가 없지요. 그래서 자연수 집합이 나눗셈에 대해서는 '닫혀 있지 않다', 즉 '열려 있다'고 표현하는 것이고요.

어떤 수의 집합이 '닫혀 있다' 혹은 '열려 있다'는 말의 뜻을 향원도 잘 이해하고 있는 것 같군요. 그런데 여기서 다시 한 번 강조할 사항은 어떤 수 집합이 '닫혀 있다' 혹은 '열려 있다'고 할 때, 반드시 '어떤 연산에 대하여' 표현할 때에만 의미가 있다는 사실입니다.

광인 그렇다면 어떤 연산에 대해서 성립하는지 굳이 밝히지 않더라도 모든 연산에 대해서 닫혀 있는 수 집합도 있나요?

네, 그런 수 집합이 있습니다. 모든 연산을 덧셈·뺄셈·곱셈·나눗셈이라는 사칙 연산으로 제한하고 분모가 0인 나눗셈을 제외하면 실수 전체 집합은 모든 연산에 대하여 닫혀 있습니다. 나중에 다시 설명하겠습니다만 실수라는 수 집합은 그래서 매우 중요합니다. 또 하나 주의할 것은 어떤 연산에 대해서건 '닫혀 있음'이 성립하기 위해서는 수 집합이 무한히 많은 원소를 갖는 형태여야 합니다. 이를테면 자연수 일부만 가지고는 덧셈이나 곱셈에 대해서도 열려 있게 됩니다.

견자 무슨 말씀이신지…….

생각해 보세요. 자연수 전체가 아닌 일부일 경우, 거기에는 가장 큰 자연수가 있습니다. 덧셈이나 곱셈은 그보다 더 큰 수를 낳습니다. 따라서 덧셈이나 곱셈에 대해서도 당연히 열려 있게 되지요.

광인 그렇다면 이렇게 표현해도 되나요? '자연수는 뺄셈에 대해서 열려 있는데, 그 이유는 자연수에는 가장 작은 수가 있기 때문이다'라고요.

멋진 표현입니다. 뺄셈은 그 어떤 수보다도 더 작은 수를 만들기 때문이지요. 이 정도면 수 집합과 연산에 대해서 닫혀 있음의 의미는 충분히 이해한 것 같습니다.

견자 마지막으로 하나만 더 질문하겠습니다. 유한한 원소들로 구성된 수의 모임은 어떤 연산에 대해서건 무조건 열려 있다고 해도 되나요?

견자가 질문하지 않았으면 그냥 넘어갈 뻔한 중요한 내용입니다. 나중에 수 집합을 배울 때 나오겠지만 아직 음수와 0을 소개하지 않았기 때문에 미룬 것인데 지금 소개해도 좋을 것 같군요. 3개의 원소로 된 수 집합 $\{-1, 0, 1\}$은 유한집합임에도 닫혀 있는 연산이 있답니다.

견자 정말 그렇군요. 곱셈에 대해서는 닫혀 있어요.

금방 알아차리는군요. 맞습니다. 단 하나의 원소로 된 집합 $\{1\}$과 2개의 원소로 된 두 집합 $\{0, 1\}$, $\{-1, 1\}$ 등은 모두 곱셈에 대해서 닫혀 있습니다. 더구나 $\{-1, 1\}$은 나눗셈에 대해서도 닫혀 있습니다. 그래서 여기에 공통으로 들어 있는 원소 1은 무척 중요하게 취급되는 수이며, 곱셈에 대한 항등원이라고 합니다. 쉽게 말해서 1은 아무리 곱해도 항상 원래의 수와 같은 상태를 낳는 원소라는 뜻입니다.

견자 그렇다면 $\{0\}$이라는 집합은 덧셈과 곱셈에 대해서 닫혀 있고, 원소 0은 덧셈에 대한 항등원이라고 할 수 있습니까?

대단해요, 맞습니다.

견자 그런데 연산, 닫혀 있음, 항등원 같은 생소한 개념을 이렇게 꼼꼼히 따지는 이유라도 있나요? 자연수라면 그것을 이용해서 어떤 구체적인 문제의 계산만 잘하면 되지 않나요? 그 점이 계속 궁금했습니다.

단순한 산수와는 달리 수학에서는 하나하나의 수치를 계산하는 일보다는 '수의 세계' 또는 '수 집합'의 구조를 파악하는 일이 더 중요합니다. 그것이 훨씬 더 근원적인 정보를 풍부하게 주기도 하지요.

수학이 단순한 계산이 아니라는 말을 흔히 듣는데, 바로 이런 내용이 그 좋은 예입니다. 나중에 고급 수학을 공부할 때 많은 참고가 될 것입니다.

제자 일동 잘 알겠습니다.

배수와 공배수, 약수와 공약수

어떤 수에서 출발하여 그 수만큼씩 커지는 수들을 그 수의 배수라고 합니다. 이를테면,

3, 6, 9, 12, 15, 18, 21, …

은 3의 배수이고,

5, 10, 15, 20, 25, 30, 35, …

는 5의 배수입니다. 여기서 15라는 수를 통해서 자연스럽게 공배수를 이해할 수 있습니다. 15는 3의 배수이기도 하고 5의 배수이기도 합니다. 이런 수를 3과 5의 공배수라고 합니다. 물론 3과 5의 공배수는 15 말고도 얼마든지 있습니다. 왜냐하면 15의 배수는 모두 3과 5의 배수니까요. 이렇게 공배수란 곱셈을 통해서 이루어지는 수이므로 얼마든지 큰 공배수로 확장될 수 있습니다. 하지만 최대공배수를 찾는 것은 불가능하므로, 공배수 문제에서는 종종 가장 작은 공배수, 즉 최소공배수를 밝히는 일이 중요합니다.

향원 그러면 3과 5의 최소공배수는 15가 되겠군요.

맞습니다. 여기서 공배수와 더불어 생각해 볼 것은 두 수의 관계입니다.

견자 두 수 사이에 특별한 관계라도 있나요?

자연스럽게 약수와 공약수라는 것도 생각해야 하는데 3과 5처럼 공통으로 나눌 수가 없는 경우, 두 수는 서로소(공약수가 1뿐인 경우)라고 합니다. 이처럼 서로소인 두 수는 최소공배수를 구하기가 쉽습니다. 두 수를 바로 곱해 주면 되기 때문입니다.

견자 서로소가 아닌 두 수의 최소공배수는 어떻게 구하나요? 예를 하나만 들어 주세요.

12와 18이 있을 때, 두 수의 곱인 216은 두 수의 공배수입니다. 그리고 두 수의 공약수는 1, 2, 3, 6입니다. 그 가운데 가장 큰 6을 최대공약수라고 하는데, 공약수들의 곱에 이 수를 1번 더 곱해서 216이 나온 것입니다.

$$(2 \times 3 \times 6) \times 6 = 216$$

그런데 6을 1번만 곱한 $2 \times 3 \times 6 = 36$도 12와 18의 공배수가 됩니다. 이 값은 두 수의 곱 216을 최대공약수 6으로 나눈 결과와 일치합니다.

　광인 최소공배수를 이해하기 위해서는 결국 약수, 공약수, 최대공약수 등을 알고 있어야 하겠군요.

　그렇습니다. 서로 맞물려 있는 개념입니다. 약수란 나눗셈과 연관된 자연수입니다. 두 자연수 a, b에 대하여, a가 b의 배수일 때 b를 a의 약수라고 합니다. 달리 표현하면 a가 b로 나누어떨어질 때 b를 a의 약수라고 합니다.

　어떤 수의 약수란 1과 자신을 반드시 포함하는데, 그 외의 약수는 없을 수도 있고, 하나만 있을 수도 있으며, 여러 개일 수도 있습니다.

　견자 예를 들어 주세요.

　예컨대 15는 1, 3, 5, 15로 나누어떨어집니다. 따라서 이 4개의 수는 모두 15의 약수들입니다. 그렇지만 31의 경우 1과 31밖에는 다른 약수가 없습니다. 이처럼 약수가 1과 자신밖에 없는 수를 소수라고 합니다.

　한편 두 수의 공약수란 두 수의 약수들 가운데 공통인 것들을 말합니다.

이를테면 20의 약수는 1, 2, 4, 5, 10, 20이고, 24의 약수는 1, 2, 3, 4, 6, 8, 12, 24입니다. 따라서 두 수의 공약수는 1, 2, 4입니다. 공약수에서는 기본적으로 1이 가장 작은 값으로 포함됩니다. 따라서 공약수의 문제에서는 가장 큰 공약수, 즉 최대공약수를 밝히는 일이 중요합니다.

향원 그러면 20과 24의 최대공약수는 4겠네요.

그렇습니다. 그런데 두 수의 최대공약수를 구하려면 각각의 약수들을 모두 구해 봐야만 할까요? 좀 더 쉽고 간단하게 구하는 방법은 없을까요? 이러한 문제를 해결하기 위한 방법으로 오래전부터 유클리드 호제법이라는 방식이 있었습니다. 유클리드 호제법은 두 수의 최대공약수를 쉽게 알아내고 싶을 때 사용하는 방법입니다.

에를 들어 설명하지요. 우선, 11과 25의 최대공약수를 구해 봅시다. 두 수 중 작은 수인 11이 25 안에 최대한 몇 번 들어갈 수 있을까요?

$$25 = 11 \times 2 + 3$$

위의 식을 보면 알 수 있지요? 11을 2번 곱하면 22이고 나머지는 3입니다.

그럼 다음 단계로 가 보지요. 이제 11을 3으로 다시 쪼개 봅시다. 11은 3을 3번 곱해서 나온 9에서 2가 더해져서 생긴 수입니다.

$$11 = 3 \times 3 + 2$$

그런 다음 다시 3을 위와 같이 계산해 보면 다음과 같습니다.

$$3 = 2 \times 1 + 1$$

또 다시 위와 같이 계산해 보면 나머지가 결국 0이 됩니다.

$$2 = 1 \times 2 + 0$$

이처럼 나머지가 0일 때 바로 앞 식의 나머지 1이 최대공약수가 됩니다. 혹은 나머지가 0이 될 때까지 계산했을 때 나온 숫자 중 마지막 나누는 수 1을 11과 25의 최대공약수라고 할 수도 있습니다. 이해가 되나요?

견자 다시 한 번 정리해서 말씀해 주세요.

유클리드 호제법이란 선뜻 나누어떨어지지 않는 두 수에서, 큰 수를 작은 수로 나누어서 나온 나머지로 다시 앞의 작은 수를 나누는 계산을 되풀이하는 방식입니다.

이 방식으로 나머지가 없어질 때까지 계속 나누었을 때, 나누는 수 또는 바로 앞 식의 나머지가 곧 최대공약수인 것입니다.

간단한 예제를 통해서 다시 확인해 보지요. 두 수가 20과 24일 때 최대공약수는 4라고 했지요? 이것을 유클리드 호제법으로 확인해 봅시다.

$$24 = 20 \times 1 + 4$$
$$20 = 4 \times 5 + 0$$

따라서 24와 20의 최대공약수는 나머지가 0일 때 바로 앞 식의 나머지인 4임을 알 수 있습니다.

견자 조금 이해가 되니까 재미있습니다. 마지막으로 1문제만 더 해 봐요.

그럼 더 큰 숫자를 이용해서 풀어 봅시다. 두 수가 108과 63일 경우 최대공약수는 어떻게 될까요? 견자가 한번 풀어 보세요.

견자

$$108 = 63 \times 1 + 45$$
$$63 = 45 \times 1 + 18$$
$$45 = 18 \times 2 + 9$$
$$18 = 9 \times 2 + 0$$

그래서 최대공약수는 0이 아닌 마지막 나머지 9입니다.

이제 주어진 두 수의 최대공약수를 구하는 유클리드 호제법에 대해서는 충분히 익힌 것 같습니다.

소수와 합성수의 소인수분해

자연수 중 가장 중요한 수 가운데 하나가 소수입니다. 소수란 자연수 중에서 약수가 둘뿐인 수입니다. 이때 두 약수는 당연히 1과 자기 자신만을 의미합니다. 즉, 1과 자기 자신 이외에 다른 약수를 구할 수 없을 때 그 수를 소수라고 합니다. 따라서 서로 다른 두 소수는 공약수가 1뿐입니다. 그렇지만 그 역은 성립하지 않습니다.

견자 네? 무슨 뜻인지 잘 모르겠습니다.

두 수의 공약수가 1뿐이라고 해서 두 수가 모두 소수인 것은 아닙니다. 이렇게 두 수가 소수이면 최소공배수는 당연히 두 소수의 곱입니다. 그 이유는 공약수가 있을 수 없기 때문이고 그것은 결국 소수를 정의하는 중요한 성질, 즉 1과 자기 자신만을 약수로 갖기 때문입니다. 그렇지 않은 수, 즉 1과 자신 이외의 약수를 갖는 수를 합성수라고 합니다. 이를테면 6 = 2×3으로 표시될 수 있기 때문에 6은 합성수이고, 5 = 1× 5로만 표시될 뿐이기 때문에 5는 1과 자신 이외에는 다른 약수가 없는 소수인 것입니다.

견자 알고 보니 소수와 합성수의 정의는 무척 간단명료하군요.

그런데 문제는 아주 큰 수일 때 발생합니다. 두 수의 최소공배수나 공약수, 최대공약수 등을 구할 때에는 그 두 수가 소수인지 합성수인지 판정해야 하며, 혹은 합성수이더라도 서로소인지 여부도 따져야 합니다. 그러기 위해서는 다른 약수를 갖는지 알아야 하지요. 만일 다른 약수를 갖는다면 어떤 소수들로 분해되는지 확인해 봐야 하고요.

이처럼 어떤 수를 소수인 약수들의 곱으로 최대한 분해하는 것을 소인수분해라고 합니다. 이를테면 24는 2로 나눠지고, 그 몫인 12도 다시 2로 나눠지고, 또 그 몫인 6도 2로 나눠지고 나서야 비로소 소수인 몫 3이 남습니다. 이것을 식으로 나타내면 $2 \times 2 \times 2 \times 3$이고, 이것은 24를 소인수분해한 것입니다.

그런데 아주 큰 수는 이처럼 간단히 처리되지 않습니다. 예컨대, 136954397이라는 9자리 수만 해도 $17 \times 23 \times 23 \times 97 \times 157$로 소인수분해된다는 것을 알아내기가 쉽지 않습니다.

광인 그래도 아주 오랫동안 연구해 온 내용인데 쉽고 편한 소수 판정법이나 소인수분해법이 개발되지 않았나요?

소수에 대해서는 수학자들이 수천 년 동안 연구해 왔음에도 불구하고, 오히려 해결해야 할 문제가 더 늘어나고 있는

실정입니다. 이처럼 소수를 다루기 어려운 바탕에는 소수가
간단명료하게 정의되면서도 아주 불규칙하게 나타난다는 특
성을 가지고 있기 때문입니다.

따라서 아직까지도 소수인지 아닌지를 판단하는 소수 판정
법이나 약수들의 곱으로 표시하는 소인수분해법은 뾰족한
비법이 없습니다. 그렇지만 소수와 관련된 중요한 연구 업적
가운데 이미 2,300년 전에 밝혀진 내용이 몇 가지 있어 소개
하려고 합니다.

견자 무척 궁금합니다.

항상 새로운 소수를 추가로 발견할 수 있다는 논리적 증명
에 따라 소수의 개수가 무한히 많다는 사실을 증명한 것이 그
첫 번째 업적입니다. 두 번째는 임의의 정수를 소인수분해하
는 방법은 유일하다는 사실을 밝힌 것입니다. 이를테면, 24
의 경우 2를 3번, 3을 1번 곱하는 방식 말고는 달리 소인수분
해되지 않는다는 사실을 증명한 것이지요. 이상 2가지가 유
클리드(Euclid, B.C.330~B.C.275)에 의한 것이라면 마지막 세
번째 업적은 그보다 조금 뒤에 활동한 에라토스테네스
(Eratosthenes, B.C.276?~B.C.194?)에 의한 것입니다.

향원 아하, 알겠습니다. 작은 소수를 제외하고 그 배수들을 차례로 모두 지워 나감으로써 소수가 아닌 수, 즉 합성수들을 걸러 내어 소수만 고스란히 추려 내는 방법을 말씀하시려는 거죠? 그런 방법을 에라토스테네스의 체라고 하니까요.

향원이 잘 알고 있는 것 같으니 한번 설명해 보세요.

향원 알고자 하는 범위까지 2 이상의 자연수를 열거합니다. 적당히 37까지 하겠습니다.

2, 3, 4, 5, 6, 7, 8, 9, 10, ⋯, 35, 36, 37

이것을 다루기 좋게 표로 만들어 보겠습니다.

2	3	4	5	6	7	8	9	10	11	12	13	14	15	16	17	18	19
20	21	22	23	24	25	26	27	28	29	30	31	32	33	34	35	36	37

여기서 가장 작은 소수인 2만 남기고 2의 배수는 모두 지웁니다. 이 과정을 구멍의 크기가 2인 체로 걸러 내는 과정에 비유할 수 있습니다. 그래서 2의 배수인 4, 6, 8, 10, 12, 14, 16, 18, 20, 22, 24, 26, 28, 30, 32, 34, 36을 지우면 다음과 같습니다.

2	3		5		7		9		11		13		15		17		19
	21		23		25		27		29		31		33		35		37

이번에는 두 번째 소수인 3을 제외한 3의 배수를 다 지웁니다. 남은 3의 배수인 9, 15, 21, 27, 33을 지우면 다음과 같습니다.

2	3		5		7				11		13				17		19
			23		25				29		31				35		37

이어서 다음 소수인 5를 빼고 5의 배수인 25와 35를 지웁니다.

2	3		5		7				11		13				17		19
			23						29		31						37

그러면 5 다음 수는 반드시 소수입니다. 그 수는 7로서, 다

음 단계는 7을 제외한 나머지 중에서 7의 배수를 모두 지우는 것인데 해당 숫자가 없습니다. 그러면 7 다음 수는 반드시 소수입니다. 이런 과정을 계속 되풀이해도 더 이상 지울 숫자가 없을 때 남은 수들은 모두 소수인 것입니다.

아주 멋진 설명이었습니다. 그러나 이러한 소수 걸러 내기 방법은 매우 간편하고 능률적인 방법으로 보이지만 얼마 되지 않는 수들을 다룰 때에만 그렇습니다. 아주 큰 수를 다룰 때는 이 방법도 소수를 찾는 데에 별 도움이 되지 못합니다. 앞에서 말한 이 3가지 업적은 오래전에 개발된 것으로, 그 이후 소수에 관한 획기적인 업적이 없습니다. 그렇다고 해서 연구를 중단한 것은 아닙니다. 오히려 어려움이 지적 자극이 되어 꾸준한 연구가 이어졌고 지금도 계속되고 있습니다. 이후 소수에 관한 업적으로 내세울 만한 것은 메르센 소수와 페르마 소수입니다.

견자 재미있겠어요. 그것도 얘기해 주세요.

간단히 소개하겠습니다. 흥미롭게도 메르센(Marin Mersenne, 1588~1648)과 페르마(Pierre de Fermat, 1601~1665)는 같은 시대(17세기 전반)에 같은 지역에서 활동했으며, 두 사람 모두 직업적으로 수학을 탐구한 것은 아닙니다. 먼저 메르센 소수는 소수라는 중요한 자연수를 좀 더 체계적으로 찾는 방법을 연구하던 중 발견됐습니다. 경험적으로 발견한 사실로 2를 거듭제곱한 수들에서 1만 빼면 대부분 소수라는 점에 주목했습니다. ―

견자 2를 거듭제곱한 수들을 먼저 설명해 주세요.

2를 2번 거듭제곱하면 $2 \times 2 = 2^2$, 3번 거듭제곱하면 $2 \times 2 \times 2 = 2^3$, 4번 거듭제곱하면 $2 \times 2 \times 2 \times 2 = 2^4$, …, n번 거듭제곱하면 $2 \times 2 \times 2 \times \cdots \times 2 = 2^n$으로 표시합니다. 이렇게 2의 거듭제곱 수에서 1을 뺀 수는 식으로는 $2^n - 1$로 표현되며, 메

르센 소수라 부릅니다. 가장 간단한 메르센 소수부터 확인해 보면 다음과 같습니다.

$$2^2 - 1 = 2 \times 2 - 1 = 3 \text{(소수)}$$

$$2^3 - 1 = 2 \times 2 \times 2 - 1 = 7 \text{(소수)}$$

$$2^4 - 1 = 2 \times 2 \times 2 \times 2 - 1 = 15 \text{(소수 아님)}$$

$$2^5 - 1 = 2 \times 2 \times 2 \times 2 \times 2 - 1 = 31 \text{(소수)}$$

$$2^6 - 1 = 2 \times 2 \times 2 \times 2 \times 2 \times 2 - 1 = 63 \text{(소수 아님)}$$

$$2^7 - 1 = 2 \times 2 \times 2 \times 2 \times 2 \times 2 \times 2 - 1 = 127 \text{(소수)}$$

$$\vdots$$

이렇게 중간에 소수가 아닌 수가 확인되기 때문에 추가적인 규칙성을 발견하고자 했습니다. 주의를 기울여 살펴보면 2를 거듭제곱한 횟수가 4와 6일 때는 1을 빼 주어도 소수가 아닌 점에 주목하여, 횟수 자체가 소수라면 2를 거듭제곱해서 1을 뺀 결과가 분명히 소수라는 가정을 하기에 이르렀습니다. 실제로 엄청난 노력을 기울여서 확인한 결과 2를 거듭제곱한 횟수가 2, 3, 5, 7, 13, 17, 19, 31, 67, 127, 257일 때, 이들 수에서 1을 뺀 값이 소수라는 사실을 주장하기에 이르렀습니다.

여기서 메르센은 한 걸음 더 나아가 횟수가 257보다 작은 경우 소수는 위에 제시한 10가지 이외에는 없다는 주장까지 했습니다. 이 수들은 엄청나게 큰 수이기 때문에 그 뒤 200년 동안 메르센의 주장에 대해 옳고 그름을 가릴 수 없었습니다. 그런데 1876년 루카스(Edouard Lucas, 1842~1891)가 $2^{127} - 1$ 이 정말로 소수임을 증명했으며, 이것은 가장 큰 소수의 자리를 무려 70년 동안이나 지켰습니다. 메르센 소수의 추측은 몇 가지 오류(횟수가 67일 때는 소수가 아닌데 포함시켰고, 61, 89, 107일 때는 소수인데 빠뜨렸음)가 있음에도 오늘날까지 큰 소수를 찾는 대체적 기준으로 간주되고 있습니다.

향원 그렇다면 이제 메르센 소수는 연구하지 않나요? 소수로 판명된 가장 큰 메르센 소수는 어떤 수인가요?

메르센 소수에 대한 관심은 오늘날까지도 계속 이어지고 있습니다. 몇 년에 하나씩 발견되던 메르센 소수가 최근에는 매년 하나씩 추가로 발견되고 있습니다. 2003년에 40번째 메르센 소수가 발견되고, 이어서 2004년 5월에는 핀들리(Josh Findley)에 의해 41번째 메르센 소수인 $2^{24036583} - 1$이 발견되었는데, 이는 십진수 표기로 7,235,733자리가 되어 이 수를 표기하는 것만으로도 1권의 책이 됩니다.

2005년 2월에는 42번째 메르센 소수가 발견되었습니다. 이 메르센 소수는 $2^{25964951} - 1$로, 그 값은 7,816,230자리나 됩니다. 발견 주인공은 전문 수학자가 아닌 독일의 안과 전문의 노바크(Martin Nowak)로서 성능 좋은 개인용 컴퓨터를 50여 일 작동시킨 끝에 이 소수를 찾아내는 성과를 올렸답니다.(2010년 4월 현재까지 47번째 메르센 소수가 발견됨) 지나치게 열광적인 취미로 생각할 수도 있지만 정보 통신의 보안 및 암호 제작과 관련해서 큰 현실적 가치를 가지는 성과이기도 합니다.

광인 대단하군요. 저는 페르마 소수에도 흥미가 있어요.

페르마 소수 역시 소수를 찾는 체계적 규칙을 얻기 위한 노력 가운데 하나입니다. 그만큼 소수를 찾는 규칙을 발견해 내기가 어렵다는 뜻도 되지요.

페르마 소수 역시 경험적 추측에서 출발했습니다. 1640년에 페르마는 $2^{2^n} + 1$에서 n의 값이 0, 1, 2, 3, 4, …로 변해도 모두 소수일 것이라고 발표했습니다. 실제로 $n = 4$까지는 쉽게 확인할 수 있습니다.

$n = 0$일 때 페르마 수는 $2^1 + 1 = 3$(소수)

$n = 1$일 때 페르마 수는 $2^2 + 1 = 5$(소수)

$n = 2$일 때 페르마 수는 $2^4 + 1 = 17$(소수)

$n = 3$일 때 페르마 수는 $2^8 + 1 = 257$(소수)

$n = 4$일 때 페르마 수는 $2^{16} + 1 = 65537$(소수)

이쯤 확인하고 나서 페르마는 모든 페르마 수가 소수라는 주장을 하나의 정리로 간주하여, 자신의 10가지 정리 중 마지막 정리로 삼았습니다. 이 정리가 옳다면 이것이 '페르마의 마지막 정리'가 되었겠지요.

그렇지만 나는 1732년에야 비로소, $n = 5$일 때 페르마 수인 $2^{32} + 1 = 4294967297 = 641 \times 6700417$이 합성수임을 알아냈습니다. 이러한 수를 소인수분해하는 작업은 소인수분해가 얼마나 어려운 것인지를 확인할 수 있는 충분한 예입니다. 위대한 수학자들도 100년 정도 걸려서야 확인할 수 있었으니까요.

이후 $n = 6$인 경우는 1880년에, $n = 7$인 경우는 1975년에, 그리고 $n = 8$인 경우는 1981년에야 합성수임이 밝혀졌습니다. 그러나 아직도 밝혀지지 않은 것은 $n = 24$ 이상일 때입니다. 이로써 페르마 수는 모두 소수라는 정리는 폐기되어야 했고, 그래서 9번째인 대정리가 그 유명한 '페르마의 마지막 정리'로 불리게 되었습니다.

향원 소수에 관해 증명되지 않은 주장들이 있다고 들었는데, 소개해 주세요.

2가지를 소개하도록 하죠. 하나는 방금 살펴본 페르마 소수가 무한히 많이 존재하는가에 대한 추측으로 아직까지 풀리지 않고 있습니다. 더 유명한 것으로는 골드바흐의 추측입니다. 이것은 2를 제외한 모든 짝수는 반드시 두 소수의 합으로 나타낼 수 있다는 주장으로, 이 추측 역시 아직 풀지 못했습니다.

자연수의 또 다른 중요한 성질, 합동과 잉여류(심화 과정)

합동과 잉여류라는 개념적 이해가 가능한 자연수의 특성 역시 정의는 간단명료하지만 그 쓰임은 매우 중요합니다.

견자 너무 어렵지만 않다면 알고 싶어요.

그러면 여러분이 흥미를 느낄 수 있는 정도에서만 설명하겠습니다. 두 수가 같음을 나타낼 때는 등호 '='을 사용합니다. 그리고 도형의 상태를 나타내는 용어인 합동의 관계를 나타낼 때는 '≡'를 사용합니다. 자연수 전체를 질서 정연하게 가르는 방법 중 1가지는 홀수와 짝수로 가르는 것입니다. 이때, 모든 홀수는 다 같이 하나의 수이며 모든 짝수 또한 다 같이 다른 하나의 수입니다. 전체 자연수를 이와 같은 성격의 '다 같이 하나인 수들'로 나누는 것을 잉여류라고 하며, 이처럼 나뉜 홀수들 또는 짝수들은 모두 합동인 관계에 있다고 합니다.

이제 홀수, 짝수를 조금 달리 표현해 봅시다. 2로 나눈 나머지가 0인 자연수들과 나머지가 1인 자연수들로 가르는 것이지요. 그러면 홀수 집합과 짝수 집합은 자연수 2에 대한 잉여류라고 합니다. 모든 홀수들은 2에 대한 나머지가 1이며 합동이고, 모든 짝수들은 2에 대한 나머지가 0이며 합동입니다.

다시 이것을 좀 더 확장하여 세 부류로 가르는 방법은, 3으로 나눈 나머지가 0, 1, 2인 수들로 분류하는 것입니다. 집합 {3, 6, 9, 12, …}의 원소들은 모두 3에 대한 나머지가 0으로 합동입니다. 집합 {4, 7, 10, 13, …}의 원소들은 모두 3에 대한 나머지가 1이며 합동입니다. 집합 {5, 8, 11, 14, …}의 원소들은 모두 3에 대한 나머지가 2이며 합동입니다. 이들 세 집합은 자연수 3에 대한 잉여류입니다. 그리고 기준이 되는 수(mod로 표시하며 '법'이라고 부름)를 3 대신 더욱 큰 수로 하는 확장은 얼마든지 가능합니다.

견자 정의는 그다지 어렵지 않지만 그 쓰임새나 중요성에 대해서는 잘 모르겠습니다.

아주 쉬운 예를 들어 보겠습니다. 오늘이 화요일입니다. 지금부터 100일 뒤는 무슨 요일인지만을 따지는 문제는 흔히 있습니다. 이때 7의 배수만큼 날짜가 경과하는 것은 지금 알고자 하는 관심의 초점에서는 무의미합니다. 다시 말해 7일이 지난 것은 14일이 지난 것이나 21일이 지난 것이나 모두 마찬가지로 '오늘', 즉 화요일인 것입니다. 그런 의미에서 자연수 7을 법(mod)으로 하는 잉여류는 화·수·목·금·토·일·월요일로 7가지이며, 각각에 속한 경과 날짜들은 모두 하나(합동)인 것입니다. 100일이 될 때까지 7의 배수가 14번 지나는 것은 이 문제에서는 무의미합니다. 오직 나머지 2가 뜻하는 것이 무엇인지가 중요합니다. 여기서 2는 화요일에서 이틀이 지난 목요일을 뜻하게 되어, 오늘이 화요일이라면 100일 뒤는 목요일이 됨을 알 수 있습니다.

광인 수학적으로 정리해서 보여주셨으면 좋겠습니다.

정리하여 표현하면 다음과 같습니다. 요일만 따지는 문제
는 법 7(mod 7)이라고 할 수 있습니다. 경과 날짜가 15인 경
우 실제로는 1이 경과했지요? 따라서 '15 ≡ 1(mod 7)'이라고
나타내는 것입니다. 이와 같은 자연수의 합동과 잉여류 개념
에 관한 여러 가지 정리들은 그 자체로 훌륭한 체계를 이루며
풍부한 활용을 가능하게 합니다. 그 세부적인 탐색은 생략하
겠으나, 이런 결실이 자연수가 지닌 고유 특성에서 비롯된
것이라는 점은 강조하고 싶습니다. 특히 임의의 수 n에 대한
법 p(mod p)가 0과 합동인 잉여류와 1과 합동인 잉여류, 즉
$n \equiv 1$(mod p)과 $n \equiv 0$(mod p)을 따지는 일이 중요하게 다루
어집니다.

광인 그 이유는 무엇인가요?

거기에는 많은 설명이 필요하지만, 일단은 1과 0이 자연수
에서 차지하는 비중이 특히 큰 이유 때문입니다. 0은 덧셈이

라는 중요한 연산에서 항등원(더해도 불변인 값)이고, 1은 곱셈이라는 중요한 연산에서 항등원(곱해도 불변인 값)입니다. 그러므로 자연수에서는 이 두 값이 매우 중요한 수입니다. 그와 똑같은 구실을 합동과 잉여류 체계에서 하는 것이 바로 $n \equiv 1(\mathrm{mod\ p})$과 $n \equiv 0(\mathrm{mod\ p})$이기 때문입니다.

광인과 견자 두고두고 새기며 익히겠습니다.

향원 그런데 1가지 의문이 있습니다. 자연수에는 0이라는 수가 포함되지 않는데, 덧셈의 항등원인 0이 등장할 수 있나요?

날카로운 지적입니다. 우리가 지금까지 자연수 개념에 0을 포함시키지 않는 것으로 가르치고 배워온 것은 사실입니다. 그러나 0을 포함시키는 문제는 선택적 약속이었습니다. 다시 말해 몇 가지 이유 때문에 그렇게 약속했고, 혼란을 피하기 위해서 그 약속을 따랐던 것입니다. 하지만 체계적인 수론을 전개할 경우 자연수에 0을 포함시키지 않을 수 없습니다. 어찌 됐건 이로써 다음 수업의 주제가 자연스럽게 '0의 출현'에 관한 것임을 알 수 있을 것입니다.

제자 일동 마무리가 너무 멋진 첫 시간이었습니다.

수학자의 비밀노트

43번째 메르센 소수(2005년 12월 25일)

2005년 크리스마스, 쿠퍼 박사(Dr. Curtis Cooper)팀이 새로운 소수 $2^{30402457} - 1$을 발견했다. 이 소수는 915만 2,052자리의 숫자이다. 공식적으로 43번째 메르센 소수이며 GIMPS가 같은 해 두 번째로 발견한 가장 큰 소수이다. 메르센 소수는 대부분 개인들이 발견했지만 이번에는 지금까지 가장 많은 프로세싱 기간(90MHz 펜티엄 컴퓨터가 6만 7,000년 동안 작동되는 기간)을 투자한 미국 센트럴 미주리 주립 대학(CMSU)팀이 발견한 것이다.

44번째 메르센 소수(2006년 9월 4일)

쿠퍼 박사가 주도하는 CMSU 팀이 메르센 소수를 발견한 지 채 1년도 지나지 않아 새로운 소수 $2^{32582657} - 1$을 발견했다. 아쉽게도 10만 달러의 상금이 걸린 1,000만 자리 소수는 아니었다. 이 소수는 980만 8,358자리의 숫자이다. 이번 소수는 GIMPS가 찾아낸 10번째 소수이고, 공식적으로는 44번째 메르센 소수가 된다. 이 소수로 쿠퍼 박사 팀은 자신들의 기록을 스스로 깬 것이다. 이 소수를 보통 사람이 손으로 쓰면 꼬박 9주가 걸리고, 그 길이만 해도 34km 정도가 된다.

GIMPS

'Great Internet Mersenne Prime Search'의 약자로서, 전 세계의 자발적인 큰 소수 발견 연구자들을 상대로 벌어지고 있는 인터넷을 통한 프로젝트를 일컫는다.

아야! 왜 갑자기 문이 닫히는 거야?

오, 견자와 엘리베이터를 보니 자연수의 사칙 연산이 떠오르는군요.

선생님도 참… 자연수의 덧셈, 뺄셈, 곱셈, 나눗셈을 말씀하시는 건가요?

네, 자연수는 각 연산에 대해 닫혀 있기도, 닫혀 있지 않기도 하거든요.

연산에 대해 닫혀 있다고요? 그건 무슨 뜻이죠?

자연수끼리 덧셈을 하면 항상 자연수가 나오죠? 그때 '자연수는 덧셈에 대해 닫혀 있다'라고 말하는 것입니다.

$$3 + 5 = 7$$
$$10 + 32 = 42$$
$$107 + 205 = 312$$
$$\vdots$$

아, 자연수끼리의 곱셈도 항상 자연수가 나오니까 자연수는 곱셈에 대해 닫혀 있는 것이겠네요.

$$3 \times 7 = 21$$
$$11 \times 50 = 550$$
$$\vdots$$

역시 견자는 이해가 빠르네요.

어? 그런데 자연수끼리의 뺄셈과 나눗셈의 결과는 자연수가 아닌 것도 있군요.

이런 경우에는 뭐라고 해야 하나요?

$$1 - 3 = -2$$
$$10 - 15 = -5$$
$$7 \div 10 = \frac{7}{10}$$
$$15 \div 8 = \frac{15}{8}$$
$$\vdots$$

'닫혀 있지 않다'고 해야겠죠.

그럼 자연수는 덧셈, 곱셈에 대해 닫혀 있고, 뺄셈, 나눗셈에 대해 닫혀 있지 않군요. 가르쳐 주셔서 감사합니다.

견자 같은 학생이 있어 나도 뿌듯하네요.

0과 **음수**,
생각보다 무척 늦게 등장한 수

개념적으로 가장 먼저 떠올리게 되는 수는 0입니다.
그렇지만 0과 음수의 등장은 유리수나 무리수보다도 늦었습니다.

2

0과 음수,
생각보다 무척 늦게
등장한 수

오일러는 0을 소개하며
두 번째 수업을 시작했다.

0의 등장

우리가 사용하는 수들을 전부 모아 놓은 것을 '수 집합'이라고 표현합니다. 그러면 수 집합을 이루는 하나하나의 수를 원소라고 할 수 있습니다. 따라서 수 원소들이 모두 모인 수 집합은 하나의 세계를 이룹니다.

그런데 오늘날 우리가 사용하고 있는 모든 수가 처음부터 한꺼번에 있었던 것은 아닙니다. 과거부터 지금까지 수 집합은 점점 더 많은 원소를 갖게 되었습니다. 다시 말해 수의 세계는 옛날부터 지금까지 식구가 줄어든 적은 없고 계속 늘어나고 있습니다.

광인 그렇다면 인류 역사에 가장 먼저 등장한 수도 있을 것이고, 이후 어느 시점에 분명히 '새 식구'가 등장한 시기가 있었겠네요. 물론 사물의 숫자를 헤아리는 자연수가 그야말로 자연스럽게 가장 먼저 출현했겠지요?

자연수 이후로 새로운 수가 등장할 때마다 사람들은 혼란을 겪어야 했습니다. 물론 자주 일어나는 일은 아니고, 보통 사건들처럼 정확하게 어떤 시점을 말할 수 있는 것도 아닙니다. 그렇지만 큰 시대를 구분짓는 기준으로 삼아도 좋을 정도로 새로운 수의 등장은 중요한 의미를 갖고 있습니다. 따라서 새로운 수의 등장에 관해서는 주목할 필요가 있습니다.

건자 쉬운 예부터 들어 주세요.

좋아요. 0과 음수의 등장은 마침 적절한 예입니다.

건자 얼핏 생각하면 가장 먼저 만들어졌을 것으로 생각되는 수가 0입니다. 현대인들에게는 아주 친숙한 수 0이 상당히 늦게 나타났다는 사실은 뜻밖이에요.

그렇습니다. 0은 비교적 나중(5~6세기)에 만들어졌는데, 대체로 중국 문명과 인도 문명의 결합에서 생긴 산물로 추정하고 있습니다. 이런 사실이 뜻밖이라고 생각하겠지만, 0이라는 숫자의 독특한 성격을 생각해 보면 그것이 중국과 인도의 산물일 가능성을 쉽게 인정하게 됩니다.

향원 맞습니다. 더하기나 빼기에서는 0이 아무 기능도 발휘하지 못하여 변화를 일으키지 않습니다. 그렇지만 곱하기에서는 0이 아주 대단한 역할을 합니다. 곱하기를 하면 어떤 수든지 모두 0으로 만듭니다. 원래 있던 수를 없애 버린다는 것은 아주 독특한 기능입니다. 그리고 0으로 나누는 것은 아예 불가능합니다. 따라서 0이라는 수의 독특한 특성이라면 '없음(無)'을 뜻함과 동시에 '있음(有)'을 뜻하기도 하고 '불가능'을 뜻하기도 하는 모순된 성격을 들 수 있습니다.

바로 맞혔습니다. 문학에서라면 몰라도 가장 엄격한 논리를 바탕으로 하는 수학에서 '있기도 하고 없기도 함'을 나타내는 수를 도입하기란 쉽지 않았을 것입니다. 그런 오묘한 수 개념을 오히려 중국이나 인도에서 쉽게 도입할 수 있었던 것은 그들의 기본적인 사고방식, 즉 철학적 바탕이 독특했던 덕택입니다.

수학자의 비밀노트

특별한 수 0과 1

0은 덧셈에서 아무 변화를 일으키지 못하는 수, 즉 더하나 마나 한 수이다. 이것을 수학적으로 일컬어 '덧셈에 대한 항등원'이라고 한다. 반면 곱셈에서는 항등원이 1로, 즉 1은 곱셈에서 아무 변화를 일으키지 못하는 곱하나 마나 한 수이다. 따라서 '곱셈에 대한 항등원'은 1이다. 그러므로 0과 1은 아주 특별하고 중요한 수이다.

견자 중국이나 인도 사람의 독특한 철학적 바탕이 무엇인지 궁금합니다.

중국에는 '태허'라는 개념이 있습니다. 아무것도 없는 상태를 그냥 텅 빈 상태로 보지 않고 모든 것이 태동하는 상태로 여겼지요. 어려운 표현을 빌리면 '존재와 무'가 공존하는 출발점이라고 할 수 있습니다.

또한 0의 도입에 직접적 기여를 한 인도에서는 '공(空, Sunyata)' 사상이 고도로 발달했습니다. 나가르주나라는 인도의 초기 불교 철학자가 완성시킨 공 개념은 빈자리를 채우고 있는 무형의 존재입니다. '아무것도 없다'에서 '아무것도 아닌 것이 있다'로 바뀌는 인도의 공 개념은 0에 대한 완전한 개념 정립에 중요한 문화적 배경으로 작용했습니다.

'없음'을 어엿한 존재로 끌어올리는 수 0이 등장함으로써 '없음'이 단순 논리적 영역에서 정수론적 영역으로 들어온 것입니다.

견자 좀 어렵지만, 0이 생각보다 훨씬 복잡한 사연을 가진 수라는 것은 충분히 알겠습니다.

피아제(Jean Piaget)의 표현을 인용하여 쉽게 설명하면, "사물의 개수를 일(하나)에서부터 헤아리던 사람들이 0을 첫 번째 수로 삼으면서, 눈에 보이는 사물을 세는 것으로부터 수를 얻는 방법을 포기했다"고 할 수 있습니다. 왜냐하면 물고기 0마리를 사러 시장에 가지는 않으니까요.

광인 그렇지만 0의 등장은 혼란보다는 많은 편리함을 주었다고 생각합니다.

맞습니다. 0은 하나의 수로서 3가지 역할을 거뜬히 할 수 있는 효능으로 작용합니다. 0은 자리를 나타내는 '표시'이고, 없음 상태를 나타내는 '기호'이며, 동일한 것과의 차이 $(x-x)$를 나타내는 '수'이기도 합니다. 1인 3역을 멋지게 수행하는 셈이지요.

견자 0은 계산에는 꼭 필요하지만, 수를 셀 때에는 알아서 제외되니 참으로 철학적인 수, 즉 생각이 깊고 많은 수입니다.

재미있는 표현이군요. 다음과 같이 0의 정의를 등호와 함께 식으로 나타낸 것은 가장 기본적인 방정식이 됩니다.

$$x - x = 0$$

이로써 새로운 수가 등장하는 장면을 방정식 형태로 제시한 셈입니다. 이어지는 다른 수의 추가도 모두 방정식의 형태로 제시할 수 있습니다.

견자 저는 사물의 개수를 셀 때 1부터 시작하지, 0부터 시작하지는 않거든요. 아직 수학적 진화가 덜 되어서 그럴까요?

결코 그렇지 않습니다. 사람들은 누구나 그런 습관을 갖고 있습니다. 주변에서 쉽게 찾을 수 있는 예로 1900년대를 19세기가 아닌 20세기로 부르는 습관을 들 수 있습니다. 이것은 서양의 달력이 0세기부터 시작하지 않고 1세기부터 시작하기 때문이지요.

광인 0을 제로(zero)라고 부르게 된 유래가 있나요?

용어의 이해는 공부에 매우 중요합니다. 0을 영어로 제로 (zero)라고 부르게 된 데는 긴 과정의 유래가 있습니다. 앞에서 0에 대한 완전한 개념이 인도에서 이뤄졌다고 말했습니다. 0을 일컫는 이름의 유래에서도 그 증거를 찾을 수 있는데 최초의 이름은 인도어로 빈 것(空)을 뜻하는 수냐(sunya)였습니다. 그 뒤 아랍어로 번역되면서 시프르(sifr)가 되었고, 다시 라틴어로 제 피룸(zephirum)이 되었습니다. 이것이 제피로(zephiro)를 거쳐 제로(zero)가 된 것입니다. 이것은 0이라는 수가 실로 여러 단계 의 과정을 거쳐 오늘날과 같이 정착되었다는 사실을 단적으로 보여 줍니다.

제자 일동 잘 알겠습니다.

여기서 1가지 질문을 하겠습니다. 0은 발명된 수일까요, 아니면 발견된 수일까요?

견자 0이라는 수는 발명된 것 같습니다.

광인 처음에는 그렇게 생각되다가 점차 친숙해지면서 마 땅히 있어야 하는 수, 나아가 원래부터 있었던 수라는 생각이 들게 되었고, 그래서 발견된 수인 것처럼 여겨진 것 같습니다.

분명한 것은 자연수가 0까지 포함하는 수 확장에 도달했다는 사실입니다. 그리고 이처럼 확장되는 경우는 그 성격이 처음에는 발명으로 여겨질 정도로 새로운 것이라는 사실입니다.

음수의 등장

방금 얘기한 0의 등장과 지금부터 나올 음수의 등장이 일상 사건들의 발생처럼 앞뒤의 시점을 정확하게 말할 수 있는 것은 아닙니다. 이 점에 대해 오해 없기 바랍니다.

향원 잘 알겠습니다. 특히 음수도 우리의 생각과 달리 무척 뒤늦게 등장한 수라는 사실은 정말 놀라워요.

그렇습니다. 음수가 늦게 등장한 것은 0이 늦게 등장한 것과 같은 이유 때문입니다. 눈에 보이는 사물만 세는 사람들은 '없는 것'을 헤아릴 필요가 없었고, 따라서 0이라는 수를 필요로 하지 않았습니다. 그런 사람들은 마찬가지 이유로 보이지 않는 '음의 사물'을 헤아릴 필요가 없었고, 따라서 음수를 필요로 하지 않았습니다.

광인 그럼 음수의 등장에 어떤 특별한 계기나 사건이 있었나요?

견자 저도 무척 궁금해요.

아주 구체적인 계기나 사건이 있었던 것은 아닙니다. 뺄셈을 나타내는 기호인 마이너스(−)는 '계산의 왕초'라는 별명을 가진 독일의 비드만(Johannes Widman, 1462~1498)이 1489년 펴낸 산술 책에 처음으로 나타납니다. 하지만 이것은 어디까지나 '빼기'라는 연산 기호일 뿐이었습니다. 음수 개념 자체는 상당히 거슬러 올라간 6~7세기에 등장합니다.

견자 시기적으로 0의 등장보다 조금 뒤늦은 때이군요.

향원 견자의 말을 조금 바꾸면 0의 등장에 바로 뒤따른 시기니까……. 아, 알 것 같아요. 성격상 음수의 개념은 0이 존재한 다음에 등장하는 개념인 것입니다. 음수 역시 0과 마찬가지로 인도에서 가장 먼저 등장했을 것 같아요.

대단해요. 일단 0의 도입으로 구체적인 대상에 대한 집착을 버린 사람들에게 음수는 한 걸음 더 나가는 정도의 일이었을 것입니다. 그래서 음수도 인도에서 처음 등장했고요. 특히 인도 상인들은 장부에서 지출이 발생할 경우 소득이 줄어드는 것으로 생각했습니다. 이렇게 둘의 관계를 균형 맞추기로 기록하면서 음수 개념을 자연스럽게 사용했습니다. 이때 '균형 맞춤'이란 음도 양도 아닌 상태, 즉 0에 이르는 것입니다. 향원의 짐작대로 0이 먼저 등장했기 때문에 음수는 뒤따라 등장할 수 있었던 것입니다.

광인 그렇지만 인도에서 음수를 도입한 이래 1,000년이라는 세월이 흐른 뒤에도 서구에서는 음수가 받아들여지지 않았습니다. 이후 서구에서는 15세기가 되어서야 양수가 아닌 어떤 수가 등장했지만 단지 방정식에서나 가능한 해답으로만 여겼습니다. 따라서 사람들은 오랫동안 음수를 부조리한 수로 불렀습니다. 심지어 데카르트(Rene Descartes, 1596~1650)조차

도 방정식에 나타나는 음수인 근을 '거짓 근'이라 부르며 정
상적인 수로 인정하지 않았다고 들었습니다. 이처럼 음수는
등장한 후 받아들이는 데 또다시 오랜 세월이 걸렸는데, 특
별한 이유라도 있나요?

　광인의 해박함에 놀라움을 금치 못하겠군요. 양수와 0, 음
수가 모두 모인 정수 집합을 처음으로 제시한 사람은 17세기
중반에 활동한 영국 수학자 월리스(John Wallis, 1616~1703)
입니다. 음수가 등장한 계기는 뺄셈이지요. 두 양수 x, y가
있을 때, 뺄셈 $x-y$는 두 값의 차이에 따라 결과가 양수, 0,
그리고 음수로 나타납니다. 그렇지만 오랫동안 뺄셈은 x가 y
보다 작지 않은 경우만 가능한 것으로 여기고 취급했습니다.
이토록 오랫동안 음수를 받아들이는 데에 주저했던 가장 큰
이유는 일반화라는 수학 정신의 유지에서 찾을 수 있습니다.
이 말은 기존의 산술 법칙을 잘 유지하면서 새로운 수를 받아
들여야지, 아무렇게나 추가할 수는 없다는 것입니다. 왜냐하
면 기존의 다른 산술 법칙도 잘 성립하도록 조율하는 데 오랜
시간이 걸렸기 때문입니다. 특히 음수끼리의 곱이 양수가 된
다는 '부호의 법칙'이 성립되기까지는 많은 시행착오를 겪어
야 했습니다.

견자 시행착오 이야기는 드라마의 엔지(NG) 장면을 보는 것 같아 재미있습니다. 일화가 있으면 소개해 주세요.

누구라고 할 것도 없이 내가 범했던 시행착오를 예로 들어 보겠습니다. 원래는 다음과 같은 논거를 댄 뒤 음수 계산 규칙에 관한 결론에 이르러야 합니다.

산술의 3가지 기본 법칙, 즉 교환 법칙, 결합 법칙, 분배 법칙이 성립하기 위해서는 '(음수)×(음수)=(양수)'여야 한다. 만일 (음수)×(음수)=(음수)라면, 분배 법칙에서 모순이 발생한다. 예컨대 $(-1) \times (1-1) = 0$인데, (음수)×(음수)=(음수)라면 다음과 같은 모순에 이른다.

$$-1 \times (1-1) = \{(-1) \times 1\} + \{(-1) \times (-1)\} = (-1) + (-1) = -2$$

위와 같이 논증해야 함에도 나는 다음과 같이 불확실한 논법으로 얼버무리고 말았습니다.

(음수)×(음수)=(양수) 또는 (음수)×(음수)=(음수)이다. 그런데 (양수)×(음수)=(음수)이다. 그러므로 (음수)×(음수)=(음수)가 될 수 없

다. 그래서 (음수)×(음수)=(양수)가 되어야 한다.

견자 저는 선생님께서 어디를 어떻게 얼버무리셨는지 잘 모르겠습니다. 특히 분배 법칙이 무엇을 말하는 것인지 모르겠어요.

집을 높게 지을 때 지금까지 쌓아올린 위쪽에 계속해서 벽돌을 올려야 하듯이, 수학도 지금까지 일궈온 토대 위에서 확장을 해야 합니다. 즉, 음수가 등장하기 이전에 성립했던 기본 법칙을 위반하면 새로운 수인 음수의 등장이 수의 세계를 확장한 것이 되지 못합니다.

이처럼 위반해서는 안 되는 연산의 기본 법칙 중에서도 분배 법칙이란,

$$a \times (b+c) = (a \times b) + (a \times c)$$

가 성립한다는 것입니다. 따라서 이 법칙은 음수를 도입하더라도, 즉 a, b, c 가운데 음수가 있을 경우에도 성립해야 합니다. 그러므로,

$$-1 \times (1-1) = \{(-1) \times 1\} + \{(-1) \times (-1)\} = 0$$

이 반드시 성립하는 것으로 되어야 합니다. 그러기 위해서는 (음수)×(양수)=(음수), 즉 $(-1) \times 1 = -1$이고, (음수)×(음수)=(양수), 즉 $(-1) \times (-1) = 1$이어야 한다고 논증해야만 했습니다. 나는 이런 근거 위에서 확실한 주장을 한 것이 아니라 '(음수)×(양수)=(음수)이므로 그와 다른 (음수)×(음수)=(양수)여야 한다'고 해 버린 것이지요.

견자 결과적으로 틀린 주장을 하신 것은 아니잖아요? 그래도 반성하시는 선생님의 학자적 양심에 절로 고개가 숙여집니다.

견자와 향원 저희도 그렇습니다.

갈 길이 멉니다. 여기서 다시 1가지 질문을 하겠습니다. 음수는 발명된 수인가요, 아니면 발견된 수인가요?

견자 음수는 발명된 것 같습니다.

광인 저는 처음에는 그렇게 생각했다가 점차 친숙해지면서 마땅히 있어야 하는 수, 나아가 원래부터 있었던 수라는 생각이 들게 되고, 지금은 발견된 수인 것처럼 여기게 되었습니다.

분명한 것은 자연수만을 이용해서 음까지 포함하는 수의 확장에 도달했다는 사실입니다. 그리고 이처럼 확장하는 경우는 발명으로 여겨질 정도로 새로운 성격의 것이라는 사실입니다. 이 점은 0의 경우와 같습니다.

지금까지의 이야기를 정리해 봅시다. 지금 살펴본 0과 음수의 도입으로 덧셈과 뺄셈까지 자유롭게 가능해졌습니다. 이것은 수의 세계가 정수로 확장됨을 뜻합니다. 여기에 분수를 도입함으로써 유리수가 등장하게 됩니다. 그것은 나눗셈까지 자유롭게 가능해졌음을 의미합니다. 그럼으로써 '세는 수'에서 '재는 수'로의 확장이, 다시 말해 '비(ratio)'로만 표시되넌 기하학적 값까지도 '율(rate)'이라는 대수적 값으로의 확장이 이루어졌습니다.

견자 '세는 수'와 '재는 수'의 차이가 잘 이해되지 않습니다. 보충 설명을 해 주세요.

사물의 개수를 더하거나 빼거나 곱하는 데에는 정수만 있으면 충분합니다. 그렇지만 일정한 개수의 사물을 균등하게 나누어 가질 경우에는 정수로 나타낼 수 없는 경우가 발생합니다. 그런 값은 분수 형태의 율로 표시하게 됩니다.

광인 그런 수를 유리수라고 하지요? 저는 그 이후의 추가 확장이 궁금합니다.

여기에 분수꼴 비율로도 나타낼 수 없는 수인 무리수가 추가됩니다. 이어지는 시간에는 유리수와 무리수로의 확장을 살펴보겠습니다.

만화로 본문 읽기

무슨 생각을 하고 있나요?

흠…

방금 사과를 사 왔는데 문득 숫자 0은 우리 생활에서 불필요하다는 생각이 들어서요. 사과 0개를 살 수는 없잖아요.

맞아요. 그래서 많은 사람들이 0을 받아들이는 데 시간이 걸렸답니다.

사과 0개
↓
사과 1개
사과 2개

0은 다른 숫자보다 나중에 만들어졌는데, 대체로 중국 문명과 인도 문명의 결합에서 생긴 산물로 추정하고 있습니다.

그런데 0은 더하기나 빼기에서는 아무 기능도 발휘하지 못하잖아요.

하지만 곱하기에서는 아주 전능한 역할을 합니다. 어떤 수든지 모두 0으로 만드니까요. 원래 있던 수를 없앤다는 것은 아주 독특한 기능입니다.

그렇군요.

아무것도 없는 것이 아니라 만물이 태동하는 상태야!

0은 아무것도 아닌 것이 있는 것이지!

$$10 \times 0 = 0$$
$$100 \times 0 = 0$$
$$1000 \times 0 = 0$$
$$10000 \times 0 = 0$$

음수가 늦게 등장한 것도 0이라는 수를 필요로 하지 않는 것처럼 '음의 사물'을 헤아릴 필요가 없었고, 따라서 음수를 필요로 하지 않았기 때문입니다.

아, 성격상 음수의 개념은 0이 존재한 다음에 등장하는 개념이군요.

맞아요. 일단 0의 도입으로 구체적인 대상에 대한 집착을 버린 사람들에게 음수는 한 걸음 더 나아가는 정도의 일입니다.

생각했던 것보다 재미있는 사정이 있었군요.

2 1 0 -1 -2 3

3

유리수,
0과 음수보다 먼저 나타난 수

피타고라스 시대의 사람들은 세계가 유리수로 이루어져 있다고 믿었습니다.
그들이 말한 유리수, 즉 분수에 대해 알아봅시다.

3

유리수,
0과 음수보다 먼저
나타난 수

오일러는 분수를 정의하며
세 번째 수업을 시작했다.

분수란 어떤 정수 a를 0이 아닌 정수 b로 나눈 몫 $\dfrac{a}{b}$를
말합니다. 이때 a를 분자, b를 분모라고 합니다. 분수를 달
리 표현하면 1을 b등분한 것을 a개 모은 것이라고 할 수도
있습니다. 분수를 통틀어서 영어로 'rational number(비율로
이루어진 수)'라고 합니다. 그런데 한국과 일본에서는 유리수
라는 말로 통용되고 있습니다. 뜻을 제대로 새겨서 번역하자
면 '유비수'라고 하는 것이 더 나을 수도 있을 텐데 말이죠.

유리수(분수)가 세계를 이루는 원리라는 피타고라스의 믿음
은 분수가 보여주는 황금 법칙, 즉 분자, 분모에 같은 수를

곱해도 그 값이 변하지 않는 것에서 비롯되었습니다.

$$\frac{2}{3} = \frac{4}{6} = \frac{6}{9} = \frac{202}{303} = \cdots$$

이런 분수들 가운데 분자, 분모에 1 이외의 공약수가 없을 때를 기약분수라고 합니다.

견자 그럼 위의 예에서는 $\frac{2}{3}$가 기약분수군요.

맞습니다. 또한 분수에 관한 황금 법칙에 따라 분수의 사칙 연산(덧셈·뺄셈·곱셈·나눗셈)이 모두 가능하게 되었습니다.

$$\frac{2}{3} + \frac{1}{4} = \frac{8}{12} + \frac{3}{12} = \frac{11}{12} \text{ (덧셈 예)}$$

$$\frac{2}{3} - \frac{1}{4} = \frac{8}{12} - \frac{3}{12} = \frac{5}{12} \text{ (뺄셈 예)}$$

$$\frac{2}{3} \times \frac{1}{4} = \frac{4}{6} \times \frac{1}{4} - \frac{1}{6} \text{ (곱셈 예)}$$

$$\frac{2}{3} \div \frac{1}{4} = \frac{8}{12} \div \frac{3}{12} = \frac{8}{12} \times \frac{12}{3} = \frac{8}{3} \text{ (나눗셈 예)}$$

이와 같은 유리수의 '적용 다양성'은 피타고라스로 하여금 마치 유리수가 세상을 지배하는 규칙인 것처럼 확신하게 만들었고, 그의 이런 미성숙한 확신은 급기야 무리수의 발견 사실을 숨기는 사태까지 일으켰습니다.

광인 그래서 '만물의 근원은 수이다'라는 격언을 남겼군요. 하지만 여기에 담긴 수의 의미는 유리수로 제한된 것이었고요.

맞습니다. 그렇지만 유리수의 '적용 다양성'이란 오직 일차방정식 안에서의 다양성에 불과합니다. 피타고라스는 유리수가 이차 이상인 방정식의 근을 충족시키기에는 불충분한 수임을 알지 못했던 것입니다.

향원 유리수는 유한소수나 순환하는 무한소수 등과 같은 소수로도 표현이 가능한데 굳이 분수만을 고집했던 이유는 무엇인가요?

$\frac{1}{4}$ 과 같은 유리수를 소수인 0.25로 표현하는 표기법 자체가 아주 늦게 개발되었습니다. 현재 표기법과 조금 다르지만 소수로 표현하는 형태는 16세기 말에서 17세기 초에 활약한 스테빈(Simon Stevin, 1548~1620)에 의해 등장했습니다. 따라

서 오늘날의 십진법 체계도 그때 완성된 셈이지요. 아무튼 향원의 지적대로 유리수의 소수 표현을 시도하기 전까지 아주 오랜 기간 동안 유리수가 아닌 수의 존재는 발견했지만, 순환하지 않고 무한히 이어지는 소수인 무리수의 존재는 떠올릴 수 없었습니다. 따라서 유리수의 분수 표현이 계속되었습니다.

이렇게 존재 자체를 떠올릴 수 없었기 때문에 무리수에 대한 탐구와 무리수까지 포함하는 실수 개념의 이해도 자연스럽게 늦어진 것입니다.

견자 저는 분수를 소수로 바꾸면 유한소수이거나 혹은 무한소수라도 반드시 순환하는 것으로 나오는 이유가 궁금합니다.

유리수와 관련된 질문 가운데 가장 핵심적인 내용입니다. 어떤 분수든지 일단 기약분수로 만들어 놓고 볼 때, 분모가 어떤 수인가에 따라 유한소수일 수도 있고 혹은 순환소수일 수도 있습니다. 먼저 유한소수인 경우는 기약분수의 분모를 소인수분해했을 때 2와 5 이외의 소수가 없을 때입니다. 그렇지만 2와 5 이외의 소수가 분모에 있으면 분수는 순환소수가 됩니다.

견자 예를 들어 설명해 주세요.

분수 $\frac{1}{4}$이 소수 0.25라는 유한소수가 되는 이유는, 분모 4를 소인수분해하면 2×2가 되어 여기에는 2나 5가 아닌 소수는 포함되지 않기 때문입니다. 따라서 이런 분모에 2나 5를 적절히 곱해 주면 분모를 10의 곱들로 만들어 줄 수 있습니다. 분모가 2×2인 경우, 여기에 5×5를 곱해 주면 분모는 10×10이 되어 바뀐 분자 $5 \times 5 = 25$를 100으로 나눠 주면 됩니다. 이렇게 하면 분수 $\frac{1}{4}$을 유한소수 0.25로 만들 수 있습니다.

견자 그렇다면 이번에는 순환소수가 나오는 경우를 알고 싶습니다.

순환소수는 분모의 인수에 2나 5 이외의 소수가 들어 있는 경우로, 이때는 분모에 어떤 자연수를 곱해 주어도 오직 10의 곱들만으로는 만들어지지가 않습니다. 이를테면, $\frac{2}{7} = 0.285714285714\cdots$가 되어 285714라는 일련의 숫자가 소수점 아래서 끝없이 반복되는 순환소수가 됩니다. 이렇게 순환소수가 되는 이유는 직접 나눗셈을 해 보면 쉽게 확인할 수 있습니다. 나눗셈의 각 단계에서 나머지는 언제나 나누는 수 7보다 작아야 합니다. 따라서 나눗셈을 계속하다 보면 언젠가는 이미 나온 나머지와 같은 나머지가 나오게 마련입니다. 그때부터는 앞에 하던 나눗셈을 되풀이하게 되지요. 여기서는 분자 2로 시작하여 분모 7보다 작은 나머지 값들인 6, 4, 5, 1, 3 이후에 다시 2가 나타남으로써 6개의 나머지가 반복해서 나타납니다. 특히 반복 구간의 수가 285714인 경우를 순환마디 285714라고 합니다.

$$
\begin{array}{r}
0.2857142\cdots \\
7\,)\,\overline{2} \\
\underline{14} \\
60 \\
\underline{56} \\
40 \\
\underline{35} \\
50 \\
\underline{49} \\
10 \\
\underline{7} \\
30 \\
\underline{28} \\
20
\end{array}
$$

광인 잘 알겠습니다. 그렇다면 결론적으로 말해서 분수라면 순환하지 않는 무한소수는 나올 수 없다고 확실하게 말할 수 있겠군요. 그런 결론에 따라 유리수란 유한소수이거나 순환하는 무한소수라고 정의되기도 하고요.

그렇습니다. 여기서 1가지 추가해서 말해 둘 사실이 있습니다. 유리수, 즉 단순한 정수끼리의 분수 계산이 요구되는 방정식은 계수가 정수이고 미지수가 일차인 방정식(일차방정식)의 경우로 제한됩니다. 이를테면, $ax + b = c$(단 a는 0이 아닌 정수, b와 c는 임의의 정수)라는 식일 때에 한해서 x는 유리수 근 $\dfrac{c - b}{a}$를 갖습니다.

견자 그렇다면 차수가 이차 이상인 방정식의 경우에는 유리수 이외의 다른 근이 나올 수도 있다는 말씀이시군요.

그렇습니다. 이차방정식만 하더라도 근의 공식에 정수의 제곱근이 나타납니다. 이차방정식은 중학교에서도 기본적으로 배우기 때문에 정수의 제곱근이 무리수라는 수, 즉 순환하지 않는 무한소수까지 필요로 한다는 사실을 알고 있으면 나중에 도움이 될 것입니다.

다시 말해 이차방정식 이상의 근은 유리수만으로는 충분하지 않다는 것입니다.

향원 드디어 무리수의 세계로 들어가게 되는군요.

그러기에 앞서 유리수와 연관된 재미있는 사실 2가지를 말하겠습니다. 하나는 '모든 유리수는 분수로 표현될 수 있으며, 또한 분자가 1인 번분수 꼴로도 표현이 가능하다'는 사실입니다.

견자 역시 예를 들어 주시면 좋겠습니다.

기왕이면 역사적 유래가 있는 값들을 예로 들겠습니다. 아테네의 천문학자 메톤(Meton, B.C.460?~?)은 지구가 태양을 공전하는 주기와 달이 지구를 공전하는 주기를 관찰함으로써 1년이 몇 개월인가를 측정하고자 했습니다.

메톤은 어려운 과정을 거쳐 점차 정밀한 값을 구하게 되었는데, 처음에는 1년이 12개월이라는 통념적 주장에서 $\frac{25}{2}$개월, $\frac{37}{3}$개월, $\frac{99}{8}$개월, $\frac{136}{11}$개월을 거쳐 19년이 235개월임을 관측하고서 1년은 $\frac{235}{19}$개월이라는 결론에까지 도달했습니다.

이 값들은 모두 분수이므로 통일된 번분수 꼴로 바꿀 수 있습니다.

12

$$\frac{25}{2} = 12 + \frac{1}{2}$$

$$\frac{37}{3} = 12 + \frac{1}{3} = 12 + \cfrac{1}{2+\cfrac{1}{1}}$$

$$\frac{99}{8} = 12 + \frac{3}{8} = 12 + \cfrac{1}{\cfrac{8}{3}} = 12 + \cfrac{1}{2+\cfrac{2}{3}} = 12 + \cfrac{1}{2+\cfrac{1}{1+\cfrac{1}{2}}}$$

$$\frac{136}{11} = 12 + \frac{4}{11} = 12 + \cfrac{1}{2+\cfrac{3}{4}} = 12 + \cfrac{1}{2+\cfrac{1}{1+\cfrac{1}{3}}} = 12 + \cfrac{1}{2+\cfrac{1}{1+\cfrac{1}{2+\cfrac{1}{1}}}}$$

$$\frac{235}{19} = 12 + \frac{7}{19} = 12 + \cfrac{1}{2+\cfrac{5}{7}} = 12 + \cfrac{1}{2+\cfrac{1}{1+\cfrac{2}{5}}}$$

$$= 12 + \cfrac{1}{2+\cfrac{1}{1+\cfrac{1}{2+\cfrac{1}{1+\cfrac{1}{1}}}}}$$

광인 통일된 꼴을 갖는 번분수로 만드는 일이 무척 번거로워 보이는데, 굳이 이렇게 하는 이유가 있나요?

물론 비슷한 값들끼리의 비교는 소수 상태에서 해 보는 것이 가장 쉽지만 소수 계산이 번거로울 수 있습니다. 또한 비교하기 좋은 꼴의 번분수로 표시하는 것은 표현의 다양성이라는 이유 이외에도 장점이 있습니다.

　견자 그 장점이 무엇인가요? 복잡하게만 보이는데 어떤 장점이 있는지 무척 궁금합니다.

　조금 어려운 과정을 거쳐야 하지만, 다음 수업에서 공부할 무리수나 마지막 수업에서 살펴볼 초월수도 규칙성을 갖는 번분수로 표시될 수 있다는 점입니다.
　또한 이런 규칙성의 형태를 따지다 보면 소수 표현으로는 알아낼 수 없는 수에 관한 중요한 정보의 실마리를 찾을 수도 있습니다.

　견자 무리수도 번분수로 전개될 수 있다니 신기해요.

　가장 흔한 무리수인 $\sqrt{2}$를 소수로 나타내 보면 $1.4142\cdots$로 아주 무질서한 소수가 이어지지만 번분수로 전개하면 다음과 같이 반듯한 전개를 보입니다.

$$\sqrt{2} = 1 + \cfrac{1}{2 + \cfrac{1}{2 + \cfrac{1}{2 + \cfrac{1}{2 + \cfrac{1}{2 + \cdots}}}}}$$

$\sqrt{3}$과 $\sqrt{5}$도 다음과 같이 우아한 번분수 꼴로 표시됩니다.

$$\sqrt{3} = 1 + \cfrac{1}{1 + \cfrac{1}{2 + \cfrac{1}{1 + \cfrac{1}{2 + \cfrac{1}{1 + \cfrac{1}{2 + \cdots}}}}}}$$

$$\sqrt{5} = 2 + \cfrac{1}{4 + \cfrac{1}{4 + \cfrac{1}{4 + \cfrac{1}{4 + \cfrac{1}{4 + \cdots}}}}}$$

심지어는 황금비 $\tau = \dfrac{1+\sqrt{5}}{2}$ 나 초월수인 π와 e도 다음 페이지와 같이 멋진 번분수로 표시됩니다.

어때요, 아름답지 않나요?

$$\tau = \frac{1+\sqrt{5}}{2} = 1 + \cfrac{1}{1 + \cfrac{1}{1 + \cfrac{1}{1 + \cfrac{1}{1 + \cdots}}}}$$

$$e = 2 + \cfrac{1}{1 + \cfrac{1}{2 + \cfrac{1}{1 + \cfrac{1}{1 + \cfrac{1}{4 + \cdots}}}}}$$

$$\pi = 3 + \cfrac{1}{7 + \cfrac{1}{15 + \cfrac{1}{297 + \cfrac{1}{1 + \cfrac{1}{1 + \cdots}}}}}$$

이처럼 무리수의 번분수는 소수에서처럼 무한히 계속됩니다. 그렇지만 '순환하지 않는 무한소수'와는 다른 규칙성이 번분수로 표현하면 드러나기도 합니다.

이러한 규칙성은 여러 가지 근삿값(어림수)들을 소수로 바꾸지 않고도 비교하기 좋은 형태를 찾아보는 한 방법이 되기도 합니다.

광인 잘 알겠습니다. 무리수 및 초월수의 번분수 전개는 선생님께서 직접 이루신 업적으로 알고 있습니다. 그래서 더 생생한 설명을 듣게 되어 영광입니다. 유리수와 연관된 재미있는 사실 또 1가지는 무엇인가요?

무한집합 개념과 더불어 20세기에 들어서면서 밝혀진 내용으로, '유리수 전체는 자연수 전체와 수적으로 대등하다'는 사실입니다. 여기서부터는 수학과 관련된 '무한' 개념의 철학적 탐색이 시작됩니다. 사실 듬성듬성 있는 자연수들 사이를 원하는 만큼 치밀하게 메울 수 있는 것이 유리수입니다. 그렇지만 그런 유리수로도 틈새를 빈틈없이 메우지 못한다는 것이 밝혀졌습니다. 유리수 또한 듬성듬성한 정도는 자연수와 다를 바 없으며, 그 틈새는 무리수까지 동원해야만 비로소 완전히 메울 수 있게 됩니다.

광인 얼핏 들어도 참 신기합니다. 빽빽이 들어선 유리수들 사이의 틈새가 분명하게 1씩 성큼성큼 떨어진 정수들과는 확연히 다르지 않습니까?

$$-1 \quad {\scriptstyle -0.7} \quad {\scriptstyle -0.3} \quad 0 \quad {\scriptstyle 0.3} \quad {\scriptstyle 0.6} \quad 1$$
$$\qquad {\scriptstyle -0.8} \quad {\scriptstyle -0.5} \quad {\scriptstyle -0.2} \quad {\scriptstyle 0.2} \quad {\scriptstyle 0.5} \quad {\scriptstyle 0.8}$$

여기서 말하는 정수나 유리수는 그 일부를 놓고서 말하는 것이 아니라는 점을 명심해야 합니다. 이를테면 일정 구간인 −1과 1 사이의 경우라면 물론 유리수가 압도적으로 많지요. 아니 유리수는 무한한 데 비해서 정수는 0 하나만 달랑 있지요. 그렇지만 정수 전체와 유리수 전체를 비교할 때는 상황이 다릅니다.

광인 둘 다 무한이라는 의미에서 정수와 유리수가 같다는 것인지요?

막연하게 둘 다 무한이니까 같다는 것보다는 더욱 명확한 근거를 가지고 주장할 수 있습니다. {1, 2, 3}과 {a, b, c}라는 두 집합의 크기가 같다는 것은 두 집합의 원소들을 하나씩 대응시키면 어느 한쪽이 남지도, 모자라지도 않게 딱 맞아떨어진다는 것입니다.

이처럼 '정수 전체'와 '유리수 전체'라는 누 무한집합의 경우도 원소들끼리의 대응이 딱 맞아떨어지기 때문에 두 집합은 크기가 같다는 것입니다.

제자 일동 이해가 잘 되지 않습니다.

우선 다음 두 집합을 비교해 봅시다.

$$\{\cdots, -2, -1, 0, 1, 2, \cdots\}$$
$$\{\cdots, -2, -1.5, -1, -0.5, 0, 0.5, 1, 1.5, 2, \cdots\}$$

얼핏 생각하기에 아래 집합의 원소가 2배로 많다는 생각이 듭니다. 그렇지만 2배로 많아 보이는 아래 집합은 '각 정수를 2로 나눈 수 전체'로서, 이는 '정수 전체'인 집합의 각 원소에 $\frac{1}{2}$을 곱해 준 것일 뿐이고, 원소의 개수는 전혀 변동이 없습니다. 따라서 두 집합의 원소들은 완전한 일대일대응이 가능하기 때문에 두 집합의 크기는 완전히 일치함을 명확하게 주장할 수 있습니다.

제자 일동 그렇군요. 정말 놀랍습니다.

이런 과정은 무한 반복이 가능하며, 그것은 '유리수 전체'라는 개념에 이릅니다. 이로써 우리는 유리수로도 메울 수 없는 듬성듬성한 틈을 완전히 메울 수 있는 수를 생각하게 됩니다. 그런 수를 무리수라 하며, 무리수까지 포함하는 수 집합은 실수의 집합을 이룹니다. 이로써 무리수를 살펴볼 차례가 되었군요.

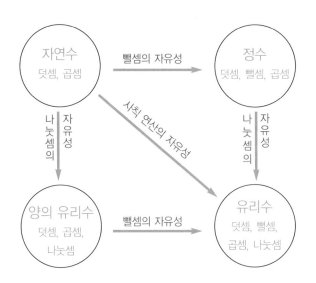

만화로 본문 읽기

선생님, 피타고라스는 유리수(분수)가 세계를 이루는 원리라고 믿었다고 하던데, 정말인가요?

맞아요. 그 믿음은 분수의 분자, 분모에 같은 수를 곱해도 그 값이 변하지 않는 것에서 비롯되었답니다.

$$\frac{2}{3} = \frac{4}{6} = \frac{6}{9} = \cdots$$
$$\frac{3}{5} = \frac{6}{10} = \frac{9}{15} = \cdots$$

이러한 법칙에 따라 분수의 사칙 연산(덧셈, 뺄셈, 곱셈, 나눗셈)이 모두 가능하게 되었고요.

아, 그렇군요.

$$\frac{2}{3} + \frac{1}{4} = \frac{8}{12} + \frac{3}{12} = \frac{11}{12}$$
$$\frac{2}{3} - \frac{1}{4} = \frac{8}{12} - \frac{3}{12} = \frac{5}{12}$$
$$\frac{2}{3} \times \frac{1}{4} = \frac{4}{6} \times \frac{1}{4} = \frac{1}{6}$$
$$\frac{2}{3} \div \frac{1}{4} = \frac{8}{12} \div \frac{3}{12}$$
$$= \frac{8}{12} \times \frac{12}{3} = \frac{8}{3}$$

또한 분수는 수학뿐만 아니라 자연을 탐구하는 과학의 모든 영역에 적용되었답니다.

그런 이유로 피타고라스는 마치 유리수가 세상을 지배하는 규칙인 것처럼 확신했던 거군요.

유리수

하지만 피타고라스는 유리수가 이차 이상인 방정식의 근을 충족시키기에는 불충분한 수임을 알지 못했지요.

그런데 유리수는 소수로도 표현이 가능한데 굳이 분수만을 고집했던 이유는 무엇인가요?

$$x^2 + 4x + 2 = 0$$
$$\Rightarrow x = -2 \pm \sqrt{2}$$

그건 $\frac{1}{5}$과 같은 유리수를 소수인 0.2로 표현하는 식의 표기법 자체가 아주 늦게 개발되었기 때문이지요.

수학자 스테빈이다!

16세기 말에 내가 소수의 표현법을 등장시켰지···

그래서 유리수의 소수 표현을 시도하기 전까지 유리수가 아닌 수의 존재는 발견했지만, 순환하지 않고 무한히 이어지는 소수인 무리수의 존재는 떠올릴 수 없었던 거지요.

그래서 무리수와 무리수를 포함하는 실수에 대한 이해도 늦어지게 된 것이군요.

실수 $\begin{cases} \text{유리수}: \dfrac{3}{5}, \dfrac{9}{10}, 0.62, 7.24, \cdots \\ \text{무리수}: \sqrt{2}, \sqrt{3}, \pi, \cdots \end{cases}$

4

무리수,
유리수에 포함되지 않는 수

무리수는 0과 음수보다 먼저 나타났습니다.
무리수의 발견 상황에 대해 알아봅시다.

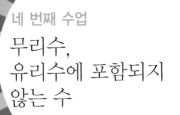

네 번째 수업

무리수,
유리수에 포함되지
않는 수

오일러가 무리수의
등장에 대해 이야기하며
네 번째 수업을 시작했다.

사실 무리수의 등장은 0이나 음수의 등장보다 훨씬 전에
일어난 일대 사건이었습니다. 그것은 수학의 역사에서 발생
한 3대 위기 가운데 첫 번째 사건입니다. 그만큼 무리수의 등
장은 큰 혼란과 거부감을 주었습니다.

심지어 심각한 위기감을 주기까지 했습니다.

광인 새로운 수의 등장이 사람들에게 어느 정도 혼란을 주
었다는 점은 짐작할 수 있습니다. 그렇지만 심각한 위기감을
주기까지 했다는 점은 잘 이해되지 않습니다.

견자 저도 그래요. 새로운 수라는 것이 무서운 신무기나 정체 모를 전염병도 아니고, 얼마든지 그것과 무관하게 살 수도 있잖아요?

그렇게 생각하는 것이 어쩌면 자연스러울 수도 있습니다. 우리 주변에도 수학을 못해서 조금 불편하지만 위기감 같은 것은 전혀 느끼지 않고 잘사는 사람들이 얼마든지 있으니까요. 그렇지만 수라는 것이 그것을 직접 사용하는 사람에게만 영향을 미치는 것은 아닙니다. 더구나 무리수가 처음 등장한 시기는 더욱 그랬습니다.

향원 무리수가 발견되어 골치 아픈 문제로 여겨진 시기는 고대 그리스 시대라고 들었는데 그 시대는 어떤 특별한 사정이 있었나요?

그 시대에는 세상을 이해하는 입장이 뚜렷했습니다. 당시 사람들은 이 세상을 '알 수 있는 것'으로 여겼지요. 그래서 실제로 이 세상이 어떤 것인지 알고자 여러모로 노력했습니다. 당장 눈에 보이는 복잡하고 혼란스런 모습은 일시적인 것이며, 좀 더 심오한 질서의 원리에 따라 조화를 이루며 돌아가는 세상의 단면에 불과하다고 여겼습니다. 그래서 좀 더 단순하고 체계적인 질서를 주는 원리를 찾고자 노력했습니다. 세상은 복잡하지만 그것을 설명하는 원리는 단순해야 한다는 원칙을 가졌던 것이지요. 당시에 그런 원리를 수학에서 찾았던 대표적 인물이 피타고라스(Pythagoras, B.C.580?~B.C.500?)였습니다.

견자 그래서 그의 유명한 격언, '만물의 근원은 수이다'라는 말이 생긴 거군요. 그래도 아직 이해되지 않는 점이 있어요. 숫자들과 물질적 세상 사이에 무슨 상관이 있나요? 숫자를 아무리 더하거나 빼도 쌀 한 톨도 만들 수 없잖아요.

참 솔직한 질문입니다. 그래요. 숫자는 어디까지나 숫자이고, 따라서 숫자가 물질을 만들어 내거나 바꿀 수는 없지요. 피타고라스 학파가 주장한 내용도 그런 뜻은 아니었습니다. 다만 복잡한 세상 변화의 원리를 따지다 보면, 그것은 모두 수와 그 작용으로 설명될 수 있다는 뜻이었습니다. 수학의 세계가 실제 세상을 이해할 수 있는 창이 될 것이라고 확신하고, 정말로 그렇다는 것을 보이기 위해서 노력했던 것입니다. 일화에 따르면, 피타고라스는 대장간을 지날 때 들리는 쇠망치질 소리가 두들기는 쇠막대 길이의 비에 따라 일정 음을 내는 것을 깨달았다고 합니다. 이를 확대 해석하면 숫자들의 비가 곧 세상 만물의 다양함을 파악할 수 있는 귀중한 창인 셈이지요.

향원 이제 조금 알 것 같습니다. 수의 세계라는 단순하고 조그만 창을 통해서 실제의 복잡한 세상을 좀 더 효과적으로 파악하고자 했던 것이군요.

견자 그렇다면 당시 무리수의 등장으로 발생한 문제들은 구체적으로 어떤 것들이었나요?

숫자들의 비를 통해 세상을 이해할 수 있다는 믿음을 가졌던 사람들에게는 창이 되는 수의 세계가 오히려 더 복잡하면 원래 의도를 달성하지 못하고 마는 것이 됩니다. 무리수가 어떤 수인지를 한번 생각해 보세요. 이를테면 제곱해서 2가 되는 수, 즉 $\sqrt{2}$는 가장 간단한 무리수입니다. 이런 간단한 무리수조차도 당시 사람들이 가장 피하고 싶어 했던 최악의 특성을 가지고 있으며, 그런 사실을 피타고라스 학파 사람들은 아주 잘 알고 있었습니다.

견자 말씀하신 무리수의 최악의 특성이 무엇인지 궁금합니다.

수가 모든 세상의 만물을 쉽고 명확하게 드러내는 수단이고 원리라는 세계관을 가졌다면, 수는 엄연히 존재하는 모든 사물을 쉽고 간단명료하게 나타낼 수 있는 것이어야 합니다. 적어도 유한한 어떤 것이어야 했습니다. 그래서 그리스 사람들은 무한 개념을 거부했던 것입니다. 빗변을 제외한 두 변의 길이가 각각 1인 직각이등변삼각형은 엄연히 존재하므로 그 빗변도 물론 존재합니다. 그런데 빗변의 길이 $\sqrt{2}$는 무리수로서, 당시 사람들로서는 쉽고 간단명료하게 나타낼 방법조차 없었습니다. $\sqrt{2}$를 포함한 모든 무리수는 소수로 표시할 경우 일정한 반복 규칙이 없는 숫자 나열을 끝없이 해야 하는

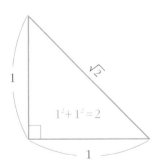

빗변을 제외한 두 변의 길이가 1인 직각이등변삼각형의 빗변의 길이는 $\sqrt{2} = 1.414 \cdots$임

수입니다. 말하자면 영원히 표시조차 할 수 없는 수였던 것입니다.

광인 잘 알겠습니다. 무리수가 그런 곤란한 특성을 가졌다는 사실 자체는 당시 사람들도 알았다는 말씀이신데, 그것을 어떻게 알았을까요? 소수점 아래로 끝없이 이어지는 숫자의 열거를 진짜로 실행할 수는 없었을 텐데요.

직접 해 보지 않고도 확실하게 알 수 있는 방법이 수학적 증명입니다. 수학이 대단한 학문으로 평가받는 요소 중 하나는 바로 그런 것들을 가르쳐 주기 때문이기도 하고요. 이 경우에는 귀류법이라는 간접 증명법이 사용됩니다. 즉, 무리수가 유한 확정적으로 표시될 수 있다는 반대의 주장을 내세웠을 때 그것이 성립되지 않음을 보일 수 있습니다. 그렇다면 일부러 반대로 내세웠던 주장은 틀린 것이므로 원래의 주장, 즉 '무리수는 유한 확정적으로 표시될 수 없다'라는 주장이 옳다는 것을 보인 것이 됩니다.

광인 그래도 의문점이 남습니다. 일부러 내세운 반대 주장인 '무리수가 유한 확정적으로 표시될 수 있다'가 성립되지 않음을 제대로 보이려면, 다시 무수히 많은 근사한 반대의 경우를 일일이 확인해야 할 것 같은데요. 이를테면 다음의 예처럼 말입니다.

$1.4 \times 1.4 = 1.96$이므로 2가 아니어서 $\sqrt{2}$는 1.4가 아니다.

$1.41 \times 1.41 = 1.9881$이므로 2가 아니어서 $\sqrt{2}$는 1.41도 아니다.

$1.42 \times 1.42 = 2.0164$이므로 2가 아니어서 $\sqrt{2}$는 1.42도 아니다.

$1.414 \times 1.414 = 1.999396$이므로 2가 아니어서 $\sqrt{2}$는 1.414도 아니다.

물론 그런 방법으로는 증명이 불가능하지요. 그래서 그 당시 사람들은 아주 기발한 다른 방법을 사용했습니다. 실제로 당시에는 소수점을 이용한 숫자 표시 방법을 모르기도 했고요. 무리수가 아닌 수를 유리수라고 하는데, 모든 유리수는 분자와 분모가 '기약'인 정수의 비로 표시되는 수입니다. 따라서 $\sqrt{2}$를 비롯한 무리수가 일정한 기약분수 꼴로 표시될 수 없음을 보이기만 하면, 그것은 유리수가 아님을 보인 것과 동일한 것이 됩니다.

이처럼 의미상 같은 내용의 명제들을 동치 명제라고 하는데, 증명을 능숙하게 하는 데는 적절한 동치 명제로의 전환이 아주 중요합니다.

견자 생각해 보니 그 당시 사람들이 참으로 대단한 것 같아요. 피하고 싶은 최악의 특성이지만 그런 특성이 엄연히 존재한다는 사실을 집요할 정도로 애써 증명함으로써 진리로 밝혀냈다는 사실은 많은 교훈을 줍니다.

결국은 진리의 흐름을 거스르지 않은 셈이지만, 그럴 수밖에 없었던 성격이 강했습니다.

광인 그럴 수밖에 없었다는 말씀이 잘 이해되지 않습니다.

간단해 보이지만 가장 위대한 수학 이론 중의 하나인 피타고라스의 정리를 생각해 보세요. 그 내용이 무엇이지요?

광인 아하, 피하고 싶은 최악의 특성을 가진 무리수의 등장을 이끈 이론도 피타고라스가 발견한 정리였기 때문에 어떻게 해서든지 그런 수에 대한 확인과 해명도 스스로 하지 않을 수 없었겠군요.

맞습니다. 1가지 바로잡을 점은, 피타고라스의 정리는 피타고라스보다 1,000년 이상 앞선 바빌로니아 시대에 이미 발견됐고, 다만 피타고라스는 그것을 엄밀하게 증명했다는 것이지요. 그런데 이러한 혼란을 자초한 피타고라스 학파 안에서는 무리수 존재의 발견 사실을 발설하지 않는다는 불문율이 있었는데, 그것을 위배한 제자의 입을 막기 위해서 그를 바닷물에 익사시켰다는 일화가 있을 정도였지요. 지금 생각하면 손바닥으로 해를 가리는 격입니다만, 그 당시에는 무리수를 인정하는 일이 결코 간단한 일은 아니었습니다. 그때까지 믿고 유지해 왔던 체계를 대대적으로 수정해야 한다는 뜻이 담긴 일이니까요.

견자 아무리 그렇더라도 사람을 죽인다는 것은 도저히 이해가 되지 않아요. 제 생각으로는 새로운 사실을 발견했을 경우 그것을 발표하고 수정하는 일이 오히려 자랑스럽고 서둘러 하고 싶은 일일 것 같은데요. 물론 저는 새로운 사실을 발견할 능력이 없는 것이 문제지만요. 그런 사실을 불문율로 정해서 금지시키는 것은 마치 사이비 종교 집단에서나 일어나는 일 같아요.

견자가 조금 흥분하여 말했는데, 발언 중에 무척 중요한 언급이 있었습니다. 당시 피타고라스 학파는 하나의 거대 집단으로서 실제로 오늘날과 같이 냉철하게 가치 중립적인 학문 탐구만 했던 것이 아니라 종교 단체 같은 성격이 있었습니다. 오늘날도 새로운 이론이나 연구가 처음 등장하면 어느 정도 신비감이 들지 않습니까? 따라서 미지의 영역을 개척해 나갈 때, 처음에는 종교적 수준의 열정이 일정 부분 기여를 한다고 봐요.

향원 그렇다면 무리수 발견으로 일어난 혼란은 결국 어떻게 정리되었나요?

유리수만 가지고는 더 이상 세계를 설명할 수 없다는 결론은 엄청난 일이 아닐 수 없었습니다. 알려진 이론으로는 설명할 수 없다는 사태의 발생은 정말로 위기였지요. 그래서 오랫동안 그리스 인들은 무리수 값을 도형의 크기로만 받아들이고 '수'로 부르지 않는 편법을 사용했습니다. 다시 말해 무한 개념이 거부할 수 없는 것으로 판명되자 그것을 회피하는 쪽으로 일단 가닥을 잡은 것입니다. 무리수 값으로 나타나는 이 기하학적 크기를 '알로곤(alogon)', 즉 '말할 수 없는 것'으로 불렀던 것은 그 단적인 예입니다. 일종의 미봉책이죠. 결과적으로 그리스 수학이 수와 식을 다루는 대수학보다 도형을 다루는 기하학에 치중한 것도 같은 배경이지요. 그래서 그리스에서는 눈에 보이는 도형을 재는 쪽이 일찍부터 발달하여 유리수와 무리수까지의 발견이 0과 음수의 사용보다 더 일찍 이루어진 까닭이기도 합니다. 그렇지만 무리수가 표시 기호와 더불어 제대로 정의되고, 그리하여 '수의 세계'에 정식 식구로 편입되기까지는 거의 2,000년이 걸렸답니다.

광인 식을 다루는 대수학에서나 도형을 다루는 기하학에서나 수가 필요한 것은 마찬가지인데, 수를 취급하는 체계가 서로 다를 수 있다는 말씀인가요?

기하학에서는 굳이 숫자를 말하지 않고 그냥 도형의 기하학적 크기를 지칭하는 것으로 대신할 수가 있습니다. 그 대표적인 예가 원주율 파이(π)입니다. 모든 원은 자신의 지름에 대한 원주의 길이의 비가 일정하기 때문에 '그런 값 π'라고만 지칭하면 기하학적 진술에는 아무런 어려움이 없지요.

그렇게 해 두면 다양한 원의 둘레는 아는 지름 값에다 π만 곱해 주면 되니까요.

　향원 반대로 생각하면, 무리수나 π 같은 값을 반드시 구체적인 숫자로 나타내야 한다고 고집했더라면 그리스인들은 기하학마저도 포기해야 했겠네요.

　광인 향원의 말을 듣고 보니 정말 그랬을 것 같아요. 또 원주율 π에 그런 사연이 있었다는 사실도 재미있어요.

　향원의 가정은 참 재미있군요. 아무튼 중요한 것은 새로운 수가 등장할 때마다 혼란을 겪는다는 사실입니다.

　견자 새로운 수의 등장이 보통 큰 사건이 아니군요. 이처럼 무리수까지 합류함으로써 수의 세계가 어떻게 되었나요?

　무리수가 수의 세계에 포함됨으로써 오늘날 표현으로 '실수 집합'이 이루어진 것입니다. 이에 따라 그리스인들이 회피하고자 했던 무한 개념을 또다시 다뤄야 한다는 과제를 안게 되었습니다.

정수와 유리수는 같은 무한인 것으로 정리해 주셨는데, 무리수와 연관된 무한 개념의 결론은 어떻게 났나요?

매우 중요한 질문입니다. 여기에 답하는 것으로 이 단원을 맺겠습니다. 결론부터 말하자면, 무리수까지 포함하는 수 집합 '실수 전체'는 '정수 전체'나 '유리수 전체'보다 크기가 큰 것으로 판명되었습니다. 앞 단원에서 확인한 '정수 전체'와 '유리수 전체'가 서로 같은 크기를 가진다는 사실은 엄연히 다른 것처럼 보이는 것이 무한 세계에서는 같은 것으로 판명되는 놀라움이었습니다. 그런데 이번처럼 '실수 전체'는 '정수 전체'나 '유리수 전체'보다 크기가 크다는, 즉 무한도 등급이 있다는 사실이기에 수학에서 무한 개념은 복잡한 모습을 보입니다.

여기서는 이런 결론을 가져다준 결정적 과정인 대각선 논법을 살펴보도록 하지요. 0과 1 사이의 모든 유리수 x_n을 이진법으로 바꾼 무한소수 열을 다음과 같이 열거합니다.

$x_0 = 0.111111111\cdots$

$x_1 = 0.111110110\cdots$

$x_2 = 0.110111011\cdots$

$$x_3 = 0.011001101 \cdots$$

$$\vdots$$

여기서 소수점 아래 값을 대각선을 따라 하나씩 취한 값들로 이루어진 무한소수 값 x를,

$$x = 0.1100 \cdots$$

으로 얻어 냅니다. 그리고 다시 이 x의 각 자릿값을 반대로 취한 새로운 x를 취합니다.

$$x = 0.0011 \cdots$$

그러면 마지막으로 구한 x는 모든 유리수 x_n 가운데 그 어느 것과도 다른 값을 갖습니다. 이 아이디어는 매우 기발하기 때문에 약간의 보충 설명이 필요합니다.

x가 모든 유리수 x_n 가운데 그 어느 것과도 다른 이유는 x가 x_0와는 적어도 첫째 자리가 확실히 다르며, x_1과는 둘째 자리가 확실히 다르고, x_n과는 $(n+1)$번째 자리가 확실히 다르기 때문입니다. 0과 1 사이에 이런 x가 만들어진다는 것은

0과 1 사이의 그 어느 유리수와는 다른 새로운 수가 있다는 뜻이 됩니다. 그렇지만 그런 수는 분명 0과 1 사이의 모든 수 (실수)에는 포함됩니다. 따라서 실수는 유리수보다 크기가 큰 수라는 결론을 이끕니다.

이것이 집합론의 선구자인 칸토어(Georg Cantor, 1845~1918)에 의해서 개발된 대각선 논법입니다.

제자 일동 새로운 수를 발견한다는 것은 쉬운 일이 아니군요. 여러 수학자의 열정에 절로 고개가 숙여집니다.

수학자의 비밀노트

수학의 역사 가운데 3번의 위기

1. 무리수의 발견(B.C. 5세기) : 같은 종류의 모든 기하학적인 양을 같은 단위로 측정할 수 없다는 예상 밖의 발견으로 B.C. 370년경 에우독소스가 해결하였고, 크기와 비에 대한 개념을 수정한 이론이다.

2. 해석학(미적분학) 내의 불합리함과 모순 축적 → 해석학 체계가 사상누각과 같다는 인식의 증가 : 미적분학의 근거를 이루는 엄밀한 기초를 세웠다.

3. 집합의 패러독스 발견(특히 러셀의 패러독스) : 다양한 대응책이 제시되던 가운데 다시 괴델의 불완전성 정리가 출현하였다.

명제

어떤 주장이 옳거나 그름을 판단하는 대상이 될 때, 그 주장을 '명제'라고 부른다. 옳은 것으로 판명되는 주장을 참인 명제, 틀린 것으로 판명되는 주장을 거짓인 명제라고 한다. 즉, 명제란 반드시 옳은 주장만을 일컫는 것이 아니고, 틀렸을지라도 확실한 판명의 대상이 되면 명제라 하는 것이다.

이게 더 커.

이게 더 크거든.

두 분수의 크기는 같습니다. 견자가 들고 있는 분수를 특별히 기약분수라고 하지요.

기약분수요?

네, 분모와 분자에 1 이외의 공약수가 없을 때 그 분수를 기약분수라고 해요.

$$\frac{3}{5}, \frac{15}{23}, \frac{28}{39}, \cdots$$

그런데 분수는 수학에만 적용되는 것인가요?

아닙니다. 분수는 자연을 탐구하는 과학의 모든 영역에 걸쳐 적용되요. 이것은 피타고라스로 하여금 마치 유리수가 세상을 지배하는 규칙인 것처럼 확신하게 만들었죠.

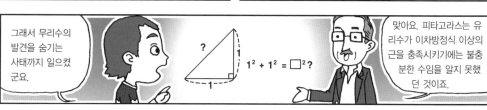

그래서 무리수의 발견을 숨기는 사태까지 일으켰군요.

$$1^2 + 1^2 = \square^2?$$

맞아요. 피타고라스는 유리수가 이차방정식 이상의 근을 충족시키기에는 불충분한 수임을 알지 못했던 것이죠.

유리수는 소수로도 표현이 가능한데 굳이 분수만을 고집했던 이유는 무엇인가요?

$\frac{1}{4}$과 같은 유리수를 소수인 0.25로 표현하는 식의 표기법 자체가 늦게 개발되었기 때문이에요.

이처럼 유리수의 소수 표현을 시도하기 전까지 유리수가 아닌 수의 존재는 발견했지만, 순환하지 않고 무한히 이어지는 소수인 무리수의 존재는 떠올릴 수 없었습니다.

$$\pi = 3.14159\cdots$$

5

허수와 복소수

허수와 복소수는 실수 전체 이외에도 더 필요한 수입니다.
허수와 복소수에 대해 알아봅시다.

다섯 번째 수업

허수와 복소수

오일러가 허수를 설명하며
다섯 번째 수업을 시작했다.

기본적인 수 세계의 구성에 마지막으로 등장하는 수는 허
수입니다. 허수 역시 0이나 음수와 마찬가지로 눈에 보이는
구체적 대상과 무관하게 수 개념을 생각한 덕택으로 수의 세
계에 진입한 식구가 되었습니다.

'새로운 수는 어디서 생겨나는가?'라는 질문에 대한 가장
안전하고 쉬운 대답은 '방정식'입니다.

앞서 소개한 0, 음수, 유리수, 무리수 등을 포함해서 허수
까지 하나의 시리즈처럼 모두 방정식을 통해서 일관되게 설
명할 수 있습니다. 실제로 많은 책들이 그런 설명 방식을 취

하기도 합니다. 그것은 설명자의 입장에서 볼 때 편리하고 깔끔한 방법이지만, 수가 등장하는 실제 역사가 그처럼 또박또박 진행된 것은 아니었습니다. 그래서 풍부하고 다양한 수의 탄생 경로를 아우르며 살피기 위하여 앞서 4번의 수업을 활용했습니다.

그런데 허수는 그야말로 전적으로 방정식을 푸는 과정에서 등장한 수입니다. 따라서 나를 비롯한 여러 수학자들이 기여한 허수 개념 정립의 과정을 살피기 위해서는 방정식의 역사를 더듬어 볼 필요가 있습니다.

견자 방정식은 저희가 가장 많이 다루는 친숙한 수학 단원입니다. 그 역사를 통해서 허수의 등장도 알아보는 일은 무척 흥미롭고 유익할 것 같습니다.

일차방정식은 계수가 자연수로 제한되어 있어도 근을 구하는 과정에서 0과 음수와 유리수까지 확장된 값을 필요로 합니다. 이미 방정식의 일반형을 만드는 이항 과정에서 0이 도입됩니다. 다음과 같은 일차방정식의 일반형,

$$ax + b = 0 \ (a \neq 0)$$

에서 a가 1이고 b가 자연수일 때, 근은 음의 정수입니다. 이제 음수가 도입되었으므로 a가 1이고 b가 음의 정수일 때, 근은 자연수입니다. a와 b가 임의의 정수(단, $a \neq 0$)일 때, 근은 $-\dfrac{b}{a}$로서 유리수입니다. 이와 같은 일차방정식은 정확한 시기를 가늠할 수 없을 만큼 오랜 옛날부터 잘 알려져 있었습니다. 다음과 같은 이차방정식의 일반형,

$$ax^2 + bx + c = 0 \ (a \neq 0)$$

은 잘 알려진 대로 근이 다음과 같이 2개가 됩니다.

$$x = \frac{-b \pm \sqrt{b^2 - 4ac}}{2a}$$

여기서도 근호 속의 값 $b^2 - 4ac$가 0일 때는 근이 유리수이지만, $b^2 - 4ac$가 양일 때에는 근이 무리수로까지 확장될 필요가 있습니다. 문제는 $b^2 - 4ac$가 음일 때입니다. 이것을 처리하기 위해 실로 오랜 세월이 걸렸습니다.

견자 갑자기 깨달은 것이 있습니다. 말씀하신 대로 $b^2 - 4ac$의 값, 즉 근호 안의 값이 어떤 상태인지만 판별되면 근의 성

격이 파악되는군요. 그래서 $D = b^2 - 4ac$를 이차방정식의 판별식, 즉 근의 성격을 파악하도록 판별해 주는 식이라고 부르는군요.

광인 저희는 그저 아무 생각 없이 판별식 $b^2 - 4ac$가 음일 때 근은 '서로 다른 두 허근이다'라고 배운 대로 받아들였습니다. 특별히 새겨야 할 사항이 있으면 알려 주십시오. 지금이라도 바로잡겠습니다.

1가지만 강조하겠습니다. 양수가 무한히 많은 만큼 음수도 똑같이 많음을 알 수 있습니다. 그 많은 음수의 제곱근을 일일이 표시할 경우 번거로움은 이루 말할 수 없습니다. 그래서 기발한 발상을 하게 되었습니다. -1, -2, -3, -4, -5, …라는 음수들을 $(-1) \times 1$, $(-1) \times 2$, $(-1) \times 3$, $(-1) \times 4$, $(-1) \times 5$, …로 보자는 것이지요. 그러면 그 제곱근인 $\sqrt{-1}$, $\sqrt{-2}$, $\sqrt{-3}$, $\sqrt{-4}$, $\sqrt{-5}$, …($\pm$ 복호는 생략)와 같은 음수의 제곱근들은 $\sqrt{-1} \times 1$, $\sqrt{-1} \times \sqrt{2}$, $\sqrt{-1} \times \sqrt{-3}$, $\sqrt{-1} \times \sqrt{-4}$, $\sqrt{-1} \times \sqrt{-5}$, …로 표시됩니다. 이때 $\sqrt{-1}$을 하나의 새로운 기호 i라고 표시해 두면 모든 허수들은 i의 실수 배로 나타낼 수 있습니다. $\sqrt{1}i$, $\sqrt{2}i$, $\sqrt{3}i$, $\sqrt{4}i$, $\sqrt{5}i$, …. 그럼으로써 실제로 딱

하나의 허수 i만 추가하면 모든 허수를 나타내는 일이 가능해지는 것입니다. 그래서 기호로서 허수는 i만을 의미합니다.

견자 왜 기호가 i로 정해졌나요?

허수 출현의 기원이 된 이차방정식의 최초 흔적은 3,000년 이상 거슬러 올라간 이집트나 메소포타미아에서도 단편적으로 나타납니다. 아마도 이차방정식을 본격적으로 다룬 사람은 헬레니즘 시대의 수학자 헤론(Heron, 10~70)일 것입니다. 그는 '한 정사각형이 있다. 그 면적과 둘레의 합은 896이다. 한 변의 길이는 얼마인가?'와 같은 초보적인 문제를 풀었습니다. 지금 방식으로 표현하면 $x^2 + 4x = 896$이라는 간단한 이차방정식인 것입니다.

이후 페르마가 그의 마지막 정리를 떠올리게 만든 것으로 유명한 디오판토스(Diophantos, 246?~330?)의 '정수론'에서도 이미 '두 수의 합이 10이고, 그 제곱의 차는 40인 두 수는 각각 얼마인가?'와 같은 문제를 다루었습니다. 그렇지만 일관되고 체계적인 해법은 0과 음수 개념이 확립된 뒤에야 가능했습니다. 최초의 일반 근 개념은 아랴바타(Aryabhatta, 476?~550?), 음수 근까지 채용한 것은 브라마굽타(Brahmagupta,

598~665?), 오늘날과 같은 두 근을 확실히 인정한 것은 바스카라(Bhaskara, 1114~1185)입니다.

견자 모두 인도의 수학자들이네요.

그렇습니다. 여기서 바스카라의 "양수의 제곱도 음수의 제곱도 양수이다. 따라서 양수의 제곱근은 2개가 있고, 그 하나는 양수, 다른 하나는 음수이다. 그러나 음수의 제곱근은 존재하지 않는다. 왜냐하면 음수는 절대로 어떤 수의 제곱이 될 수 없기 때문이다"와 같은 발언은 중요한 시사를 던져 줍니다.

여기서 허수에 대한 가능성은 닫혀 있습니다. 그렇지만 실수만으로는 이차방정식의 근의 존재 범위가 불충분하다는 사실도 확실히 인정하고 있습니다. 이런 상태는 16세기 이탈리아에서 발달한 삼차, 사차방정식의 해법이 개발될 때에도 계속되었습니다.

그런 와중에 1545년 카르다노(Girolamo Cardano, 1501~1576)가,

$$x + y = 10, \; xy = 40$$

을 풀어서 2개의 이상한 해인 $5 + \sqrt{-15}$와 $5 - \sqrt{-15}$를 구했습니다. 여기서 처음으로 음의 제곱근 $\sqrt{-15}$를 씀으로써 금기를 깼습니다만, 원래 의도는 방정식의 불가능한 근을 부각시키기 위한 것이었습니다.

이후 이탈리아의 봄벨리는 당시 유행하던 카르다노의 삼차방정식 문제의 해를 구하는 과정에서 반드시 음의 제곱근이 나타난다는 사실에 주목했습니다. 1572년에 그는 허수 i의 조상 격인 '피우 디 메노'를 언급하면서 '피우 디 메노 비아 피우 디 메노(허수 곱하기 허수는 음수)'를 처음으로 확실하게 주장했습니다.

그래도 망설임은 계속되어 나의 스승(베르누이)의 스승 격인 라이프니츠(Gottfried Leibniz, 1646~1716)조차도 i, 즉 $\sqrt{-1}$은 '−1의 허구의 제곱근'이라고 표현했습니다. 그 영향으로 $\sqrt{-1}$을 가상의 허수(ima-ginaire)로 생각하는 상황이 계속됐습니다.

이런 허수 $\sqrt{-1}$에도 적극적인 존재성을 부여하여 그것을 기호 i라는 상징으로 대신한 사람이 바로 나입니다. i는 그냥 기존의 명칭인 'ima-ginaire'의 머리글자를 그대로 도입한 것입니다. 그때가 1777년이니 내 나이 딱 71세 때입니다. 그리고 바로 그해에 태어난 독일의 수학 황제 가우스(Johann Gauss,

1777~1855)에 의해서 적극적으로 채택되었습니다. 이제 수의
세계는 실수의 범위를 넘어서 복소수(실수부와 허수부가 결합
된 수)라는 거대 집합이 된 것입니다.

향원 복소수를 나타내기 위하여 평면상의 좌표로 나타내는
기하학적 표현은 정말 멋진 아이디어라고 생각합니다. 그것
도 선생님께서 고안하신 것인가요?

아닙니다. 가우스와 거의 같은 시기 사람인 아르강(Jean – Robert
Argand, 1768~1822)에 의해서 가로축을 실수부로, 세로축을
허수부로 삼는 오늘날의 복소수 평면이 도입되었습니다.

견자 지금 저는 수의 세계는 과연 어디까지 확장될 것인가
라는 걱정으로 가득합니다.

나중에 더블린 출신의 수학사 해밀턴(William Hamilton,
1805~1865)이 순수 추상적인 수인 사원수(quaternion)라는
것을 독자적으로 개발하긴 했습니다.
그렇지만 적어도 방정식의 해법과 관련해서 더는 새로운
수를 필요로 할 가능성은 없습니다. 이것을 확실히 밝힌 수

학자 역시 가우스입니다.

견자 그렇다면 걱정하지 않아도 되겠네요.

광인 선생님, 저는 사차방정식 이후의 전개가 무척 궁금합니다.

수의 세계에 새로운 형태의 수가 추가되는 역사에서 방정식은 꾸준한 공급처였습니다. 그 진행은 사차까지 순조롭게 이어졌지만 오차방정식부터는 새로운 형태의 수를 추가해야 하는 문제는 일어나지 않았습니다. 아무리 고차방정식이라 하더라도 그 해는 모두 복소수 범위에서 제시될 수 있습니다.

이것을 밝힌 것이 가우스의 '대수학 기본 정리'입니다. 그렇지만 오차 이상의 고차방정식은 기존의 사칙 연산(더하기, 빼기, 곱하기, 나누기)만으로 풀 수 없다는 뜻밖의 문제점이 발견되었습니다. 그런 사실을 노르웨이의 아벨(Niels Abel, 1802~1829)과 프랑스의 갈루아(Evariste Galois, 1811~1832)라는 두 청년 수학자가 증명하기까지 사람들은 풀 수 없는 문제를 푸느라 3세기가량을 허비했습니다.

견자 아벨과 갈루아 역시 정말 고마운 수학자군요. 그분들이 없었다면 시간과 노력을 한동안 더 허비했겠네요.

이처럼 허수까지 등장한 복소수로 수의 세계를 구성하는 문제는 모두 완료되었습니다. 이제는 새로운 수를 추가하는 형식의 등장은 아닙니다. 이미 수의 세계에 포함되어 있는 수들 가운데 특별히 새겨 보아야 할 수를 소개하는 일만 남았습니다. 그것은 초월수 π와 e를 소개하는 일을 의미합니다. 그렇지만 제대로 준비된 만남을 위해서는 방정식과는 구별되는 수학적 대상인 '함수'에 관한 이해를 함께 해 두어야 합니다. 그러면 생각보다 쉽게 이해할 수 있을 것입니다.

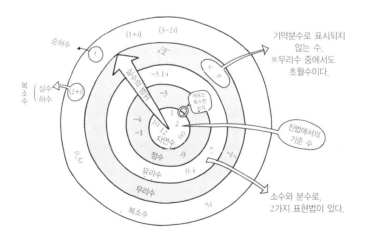

다들 공부하고 있었군요.

네, 무리수를 공부 중이에요.

선생님, 무리수는 언제 만들어졌나요?

무리수는 0이나 음수보다 오히려 먼저 등장한 것으로, 수학의 역사에서 발생한 3대 위기 중 하나입니다.

0이나 음수보다 먼저 등장했다고요?

그 당시 사람들은 이 세상을 '알 수 있는 것'으로 여겼습니다. 따라서 당장 눈에 보이는 세상은 복잡하지만 그것을 설명하는 원리는 단순해야 한다는 원칙을 가졌던 것이지요.

그렇다면 무리수의 등장으로 발생한 문제들은 어떤 것들이 있었나요?

그리스 사람들은 수는 유한하다고 생각했습니다. 즉, 무한 개념을 거부했지요. 그런데 직각을 낀 두 변의 길이가 1인 직각이등변삼각형의 빗변의 길이는 $\sqrt{2}$라는 무리수입니다.

$$1^2 + 1^2 = (\sqrt{2})^2$$

$\sqrt{2}$를 포함한 모든 무리수는 소수로 표시할 경우, 일정한 반복 규칙도 없는 숫자의 나열이지요.

$$\sqrt{2} = 1.41421\cdots$$
$$\sqrt{3} = 1.73205\cdots$$
$$\sqrt{5} = 2.23606\cdots$$
$$\sqrt{6} = 2.44948\cdots$$

무리수가 이런 특성을 가졌다는 사실은 당시 사람들도 알았다는 말씀이신데, 그것을 어떻게 알았을까요?

이럴 때, 직접 해 보지 않고 확실하게 알 수 있는 방법이 다양한 수학적 증명인 것입니다.

초월수, π와 e의 정체

π와 e도 분류상으로는 실수, 그중에서도 무리수입니다.
π와 e의 등장 배경에 대해 알아봅시다.

6

초월수, π와 e의 정체

오일러는 초월수
π와 *e*를 소개하기 위해
여섯 번째 수업을 시작했다.

π와 *e*의 비교

π와 *e*는 같은 성격의 수이기 때문에 *e*를 설명하기 위해 π
와 함께 이야기하는 것이 효율적입니다.

견자 π와 *e*가 같은 성격이라는 것은 구체적으로 어떤 뜻인
가요?

둘 다 실수입니다. 그중에서도 무리수이지요. 그렇지만 아

주 특수한 무리수입니다. 우리는 다항식으로 된 각종 대수 방정식을 풀 때 해가 되는 여러 가지 수를 만나게 됩니다. 그런 과정을 통해서 만날 수 있는 수를 통틀어 대수적 수(algebraic number)라고 합니다. 앞에서 살펴본 대로 자연수, 0, 음수, 유리수, 무리수, 허수, 복소수 등 모든 수를 만나게 되지요.

한편 e와 π도 실수라는 수 집합 혹은 무리수라는 수 집합에 속하는 것은 분명하지만, 이 특정한 두 수는 대수 방정식을 푸는 과정 중에는 절대로 모습을 드러내지 않습니다. 다시 말해 이 두 수를 해로 하는 대수 방정식은 있을 수 없으며, 따라서 대수적인 수가 아닙니다. 우리는 대수적인 수가 아닌 수를 초월수(transcendental number)라고 합니다. e와 π라는 두 수는 이처럼 초월수라는 점에서 성격이 같습니다.

견자 어떤 수가 초월수인지 아닌지 밝힐 수 있는 방법은 없나요?

방법은 있지만 전문 수학자가 아니면 할 수 없을 만큼 어렵다는 사실을 먼저 밝히지요. e와 π가 초월수인지 아닌지를 밝히는 일은 초월수, 즉 대수적이지 않은 수가 과연 존재하는지를 밝히는 일보다 한참 뒤의 일입니다. 19세기 초에 들어서야 비로소 수학자들은 대수적이지 않은 수, 즉 초월수가 존재할 수 있을까 하는 의문과 그에 대한 긍정적인 답을 조심스럽게 생각하기 시작했습니다.

실제로 그런 수가 발견된 것은 1844년에 프랑스 수학자 리우빌(Joseph Liouville, 1809~1882)에 의해서입니다. 간단하지 않은 방법에 의해 보여 준 이 수는 오직 초월수의 존재 증명을 위한 인위적인 수로서 '리우빌의 수'라고 부릅니다. 이런 목적이 달성되자마자 수학자들의 관심은 좀 더 친숙한 초월수는 없는가 하는 문제로 관심을 돌렸습니다. 그 대상이 된 두 수가 바로 e와 π입니다.

광인 그 둘 말고는 더 없나요?

하하하! 정말 중요한 질문입니다. 기본적 단위 수로 취급되는 자연스런 '초월수'는 둘밖에 없는 것이 사실입니다. 리우빌의 수라는 초월수가 있기는 하지만 인위적으로 초월수 요건에 맞춰 만들어 낸 인공 수이지요. 이 사실은 인간이 다루는 수가 얼마나 제한적인 것인가를 되돌아보게 합니다. 어쨌든 e와 π는 둘 다 초월수로 밝혀졌으며, 지금까지 밝혀진 기본적인 초월수는 이 둘뿐입니다. e가 무리수임은 1737년에 내가 증명했으며, 초월수임은 1873년 에르미트(Charles Hermite, 1822~1901)에 의해 밝혀졌습니다. 그리고 π가 무리수임은 1768년 람베르트(Johann Lambert, 1728~1777)에 의해, 초월수임은 1882년 린데만(Ferdinand Lindemann, 1852~1939)에 의해 밝혀졌습니다.

광인 그렇다면 이 두 초월수는 무언가 긴밀한 관계가 있을 법도 하네요.

그렇습니다. 뿌리가 전혀 다른 두 초월수의 긴밀한 관계가 어떤 것인지 아는 것은 이 수업의 최종 목표입니다. 그러기 위해서는 먼저 두 수의 간략한 역사를 살펴볼 필요가 있습니다. 잘 알다시피 π의 역사는 고대까지 거슬러 올라갑니다. 그리고 동양과 서양 모두 관심이 많았습니다. π는 원의 둘레와 넓이를 찾는 아주 친숙한 기하학적 문제에서 유래하기 때문입니다.

반면에 16세기에 시작된 것으로 보이는 e의 역사는 겨우 400년 정도밖에 되지 않으며, 그 유래도 덜 명확합니다. 당시 복리 이자에 관한 공식 가운데 $\left(1+\dfrac{1}{n}\right)^{n}$ 꼴의 식이 나타납니다. 여기서 n이 증가함에 따라 약 2.71828에 가까운 어떤 극한값을 가진다는 것이 알려지면서 이 식은 관심의 대상이 되기 시작했습니다. 처음 얼마 동안은 극한 과정으로 정의된 이 새로운 수가 매우 신기하게만 여겨졌습니다. 그 뒤 성 빈센트(st.Vincent, 1581~1660)가 직각 쌍곡선 그래프의 면적을 구하는 데 성공하면서 로그함수와 e가 수학의 대상이 되었습니다.

가장 결정적 단계는 미적분학의 발견과 함께 이루어졌는데, 로그함수의 역함수인 지수함수(exponential function)는 자신의 도함수와 같다는 사실이 밝혀졌습니다. 따라서 변화하는 함수적 현상들은 모두 지수함수로서 수학적으로 표현할 수 있게 되었습니다. 바야흐로 e는 미적분학에서 중추 역할을 하는 수가 되었습니다. 이 과정에서 내가 기여한 내용은 지수함수의 변수를 복소수로까지 확장했다는 것입니다. 그것을 1750년경에 성취하여 '복소수 함수론'이라는 길을 열기 시작했지만, '도대체 e는 정확하게 어떤 종류의 수인가?'라는 의문은 여전히 풀리지 않은 채로 남아 있었지요.

견자 e에 대한 풀리지 않는 의문과 신비로움은 오늘날까지도 남아 있는 것 같아요.

그렇습니다. 그래서 지금 이 수업의 큰 목표는 바로 그런 덜 명확한 e의 유래들을 모두 검토해 보는 것입니다. 그럼으로써 불필요한 신비로움을 제거해 보고자 합니다. e와 π의 비교에서 재미있는 1가지 사실은, π의 경우 소수점 아래로 더 많은 숫자를 밝히려는 숫자 사냥의 경쟁이 계속되고 있는 데 비해 e의 경우 그런 광기가 발휘된 적이 없다는 점입니다. 먼저 e가 수치로 어떤 값을 갖는지부터 살펴보도록 하지요.

e값의 수치적 접근

이 부분은 극한 개념이라는 해석학적 접근 방식의 핵심에 이르는 징검다리가 되기도 합니다. 아마 예비 지식이 없는 사람이라도 집중해서 들으면 잘 이해될 수 있는 부분입니다. 누구나 관심을 가지는 돈의 액수를 예로 들어 설명하겠습니다.

제자 일동 집중해서 듣겠습니다.

1년이 지나면 100% 이자를 주는 무척 후한 은행이 있습니다. 너무 이자가 높다고 생각된다면 이율을 줄이지 말고 햇수를 늘이도록 합시다. 10년에 100%라는 식으로 말이지요. 이 예에서는 편의상 그냥 1년에 100% 이자를 주는 후한 은행이 있다고 가정하겠습니다. 그러면 딱 중간인 6개월마다 50%씩 이자를 받는다면 얼마나 받을 수 있을까요? 이자를 계산하는 방법에 따라 원래 이자 그대로일 수도 있고 꽤 늘어 차이가 날 수도 있습니다.

태우와 신원이의 경우로 나누어 생각해 보기로 하지요. 우선 신원이의 경우를 살펴봅시다. 신원이가 가진 원금은 계산하기 쉽게 100원으로 하겠습니다. 원금 100원에 대한 이자를 6개월 뒤에 50% 받았다면 100원의 이자는 50원입니다. 그 이후 나머지 6개월 뒤에 또 50%의 이자 50원을 더 받았습니다. 그럼 1년 뒤에는 이자가 100원이 됩니다. 원금과 합치면 원금의 200%, 즉 200원입니다.

반면 태우의 경우를 볼까요? 태우가 처음 6개월 뒤에 50%의 이자를 받아서 돈이 1.5배가 되면 신원이와 같이 이자는 50원입니다. 그러나 6개월 이후로는 계산 방법이 다른 만큼 이자의 액수도 달라집니다. 왜냐하면 태우는 이자가 나온 6개월을 시작으로 원금과 이자가 합쳐진 돈 150원을 원금으로 계산했기 때문이지요. 그럼 다시 돌아오는 6개월 뒤의 이자

는 원금 150원의 50%, 즉 75원의 이자가 붙게 되는 것입니다. 따라서 1년 뒤 이자는 (50＋75)원, 즉 125원이 되는 거지요. 따라서 태우처럼 이자를 계산하면 1년 뒤의 이자는 125%가 됩니다. 거기에 원금 100원을 합치면 225원이 됩니다. 즉 원금의 2.25배가 된 것이지요. 신원이와 태우가 생각하는 1년 뒤의 총액을 간단한 식으로 정리하여 비교하면 다음과 같습니다.

신원 : (원금)×(1＋1)＝(원금의 2배)

태우 : $\left\{(원금)\times\left(1+\dfrac{1}{2}\right)\right\}\times\left(1+\dfrac{1}{2}\right)=$(원금의 2.25배)

1년에 100% 이자라는 같은 조건일지라도 해석하기에 따라

이처럼 차이가 나는 것은 중간 이자까지 재투자되는지 아닌
지에 따라 생긴 결과입니다. 신원이의 방식을 단리법이라고
하고 태우의 방식을 복리법이라고 합니다.

우리가 알고자 하는 목표는 이런 차이가 과연 얼마까지 생
길까 하는 것입니다. 이 '얼마까지'라는 용어 안에는 수학적
으로 아주 중요한 의미가 담겨 있습니다. 그것을 잘 다듬으
면 극한이라는 실로 엄청나게 중요한 현대 수학적 개념에 이
르기 때문입니다.

다시 예로 돌아갑시다. 태우는 이자가 늘어난 것에 기뻐하
며 좀 더 많은 이자를 얻기 위해서 3개월마다 끊어서 25%씩
받기를 원했습니다. 물론 현실에서는 은행에서 이렇게 많은
이자를 줄 리가 없겠지만 가정해 보기로 해요. 먼저 이자 계
산을 태우의 방식인 복리로 계산하면 다음과 같은 식으로 표
시됩니다. 단, 여기서 이자율 25%는 $100 \div 25$이므로 $\frac{1}{4}$ 또는
0.25로 표시됩니다.

$$\left[\left[\left\{(\text{원금}) \times \left(1+\frac{1}{4}\right)\right\} \times \left(1+\frac{1}{4}\right)\right] \times \left(1+\frac{1}{4}\right)\right] \times \left(1+\frac{1}{4}\right)$$

$$= (\text{원금}) \times \left(1+\frac{1}{4}\right)^4$$
$$= (\text{원금}) \times (1+0.25)^4$$

$$= (원금) \times (1.25 \times 1.25 \times 1.25 \times 1.25)$$
$$= (원금의\ 2.44140625배)$$

2번에 나누어 6개월마다 이자를 받을 경우 원리(원금과 이자) 합계 총액이 원금의 2.25배였는데, 4번에 나누어 역시 복리로 계산했더니 조금 더 많아졌습니다. 이번에는 은행에서 한 달마다 $\frac{100}{12}$%씩 이자를 받되 복리 방식으로 계산하자는 제안을 합니다. 그렇게 되면 원리 합계는,

$$(원금) \times \left(1 + \frac{1}{12}\right)^{12} = (원금의\ 약\ 2.61303529배)$$

이므로 원금의 1.61303529배라는 금액이 태우에게 이자로 주어지게 됩니다. 문제는 이 값이 딱 떨어지는 값이 아니며, 하염없이 커지지도 않는다는 점입니다. 그래서 그 끝(극한)을 알아보기 위하여 이제는 식을 일반화시킨 다음 지금까지 단편적으로 했던 작업을 좀 너 체계적인 계산표로 나타내 볼 필요가 있습니다. 이자를 n번에 나누어 받을 경우 1년 뒤에 받는 총액을 일반화시킨 공식은 $(원금) \times \left(1 + \frac{1}{n}\right)^{n}$으로 아주 간단하게 정리됩니다.

우리가 몇 가지 판단을 하기에 알맞은 자료로 표를 만들어

n	$\left(1+\dfrac{1}{n}\right)^{n}$
1	2
2	2.25
3	2.37037
4	2.44414
5	2.48832
10	2.59374
50	2.69159
100	2.70481
1,000	2.71692
10,000	2.71815
100,000	2.71827
1,000,000	2.71828
10,000,000	2.71828
∞(무한대)	?

보았습니다.

이만하면 여태까지 왜 이렇게 이자 이야기를 입 아프게 했는지 궁금증이 좀 풀릴 것입니다. 결론부터 말하면, 위 표에서 오른쪽 마지막 줄의 물음표(?) 부분이 바로 이번 수업에서 설명하게 될 e입니다. 이것은 e를 구체적 수치로 쉽게 나타낼 수 없음을 의미합니다. 그렇지만 확실히 특정한 한 값이기도 합니다. 그 점은 원주율 π와 성격이 같습니다.

생활 속에서 등장하는 *e*

*e*를 알기 위해서는 방정식과는 구별되는 수학적 대상인 함수에 관한 이해를 함께 해 두어야 합니다. 특히 *e*라는 수를 자연스럽게 필요로 하는 함수는 지수함수와 로그함수임을 확인하게 될 것입니다. 그중에서도 바탕이 되는 것은 밑을 얼마로 잡는가에 달려 있다는 것도 알게 될 것입니다. 그 기준이 되는 지수와 로그의 밑을 가장 자연스럽게 정한 값이 *e*라는 유일하고 특정한 값입니다. 따라서 *e*의 어떤 점이, 어떻게, 왜 자연스러운 것인지를 설명하는 데 많은 시간과 노력을 기울일 것입니다.

그런데 지수함수를 채택하고 그 자연스런 밑으로 *e*라는 유일하고 특성한 값을 도입하게 되는 싱황은 알고 보면 단 1가지 특성, 변화에 강하다는 사실 때문에 발생합니다. 그것이 그저 생각 속에서만 가능한 것이 아니라는 현실적 확인을 먼저 해 두면 좋을 것 같습니다.

변화에 강한 실제 현상을 생활 속에서 몇 가지 확인해 봅시다. 확인에 필요한 좋은 아이디어는 그것이 무한급수식으로 표현된다는 점을 적극 활용해 보는 것입니다. 변화에 강하다는 두드러진 특성이 애를 먹인다면 그것을 없애고자 할 것이 아니라 명확히 해 두는 지혜가 필요합니다. 해결하여 활용할 수 있는 명확한 길도 그 안에 담겨 있을 가능성이 높기 때문입니다. 무한 변화에도 끄떡없는 현상이 나타나면 이제는 놀라워하고 말 것이 아니라 지수함수와 연결시켜 보는 것입니다. 이런 뚜렷한 지침을 가지고 살펴보니 너무나 많은 사례들이 주변에 이미 있었고, 그것들에 대한 일관된 설명이 가능함을 확인할 수 있습니다.

1. 방사성 물질이 방출되는 양은 시간이 지남에 따라 줄어들기는 하지만 영원히 소멸되지는 않습니다. 따라서 이런 현상에는 뭔가 지수(또는 로그)함수적 관계가 담겨 있습니다. 거기에는 반드시 필연적으로 e가 등장합니다. 즉, 경과 시간이 $\frac{1}{2}$에 대한 지수이고 밑이 e로 나타납니다. 결과는 줄어들기는 하지만 영원히 소멸하지 않는 방사성 물질의 잔류량입니다. 혹은 남은 방사성 물질의 양이 로그의 진수이고 밑이 e로 나타납니다. 결과는 방사성 물질이 그만큼만 남기까지 걸린 시간입니다.

2. 겨울에 난롯가에 앉으면 몸이 따뜻해집니다. 처음에는 빠른 속도로 온도가 올라가지만 시간이 지남에 따라 아주 조금씩 온도가 올라갑니다. 하지만 난로의 온도만큼 올라가지는 않습니다. 아주 오랜 시간이 지나더라도 난로 온도에 가까워질 따름입니다. 온도 변화의 정도가 줄어들어 점점 더디게 변하지만 결코 0이 되지는 않음으로써 영원히 변화가 발생하는 이런 현상에는 뭔가 지수(또는 로그)함수적 관계가 담겨 있습니다. 거기에는 반드시 필연적으로 e가 등장합니다.

3. 음파가 매질 속을 진행할 때 그 음파의 강도는 진행 거리가 늘어남에 따라 약해집니다. 처음에는 급격하게 약화되지만 점점 약화되는 정도 자체가 줄어들어 완전히 소멸하지는 않습니다. 난로 곁에 앉은 사람의 경우와 똑같은 현상이지만, 음파의 강도는 시간이 아니라 거리가 변수라는 점만 다릅니다.

4. 앞에서 수치적 접근의 예로 들었던 복리 이자 역시 대표적 사례 현상이니 다시 한 번 정리해서 열거합니다. 연이율 r을 연속적으로 복리 계산하는 계좌에 원금 A원을 예금하면 t년 뒤의 원리 합계는 지수적으로 증가합니다. 따라서 반드시

가장 자연스런 밑 e가 나타나게 됩니다.

$$S = Ae^{rt}$$

이것은 원리 합계 공식입니다. 이 공식에 대한 이해는 매우 중요하므로 다시 한 번 정리해 봅시다.

이자 방식이 단리라면 1년(한 주기) 뒤의 원리 합계는 $S = A(1+r)$이고, t년(t주기) 뒤의 원리 합계는 $S = A(1+tr)$입니다. 이자 방식이 복리라면 1년(한 주기) 뒤의 원리 합계는 $S = A(1+r)$이고, t년(t주기) 뒤의 원리 합계는 $S = A(1+r)^t$입니다. 그런데 이번에는 연이율이 r인 것은 같으나 그냥 복리가 아니라 연속적으로 복리 계산하는 방식을 취하고 있습니다. 그러면 1년(한 주기) 뒤의 원리 합계가 $S = Ae^r$로 나타납니다. 그리고 1년이 아닌 t년(t주기) 뒤의 원리 합계라면 당연히 $S = Ae^{rt}$입니다. 이 점을 확실하게 이해할 필요가 있습니다.

5. 인구 증가 등 다양한 통계적 분포 곡선에서 수평축에 닿을 듯 다가가지만 결코 닿지는 않는 형태의 예에서는 모두 e가 나타난다고 보면 틀림없습니다. 그 겉모습만 확인하는 것은 쉽습니다. 통계 관련 수학 책 뒤에 반드시 수록되는 확률 분포표를

살펴보세요. 한쪽 귀퉁이에 모양부터 이상한 꼴의 뜻 모를 공식이 적혀 있을 것입니다. 그것은 알고 보면 거의 다음과 같은 '지수 적분'이라는 새로운 적분 형태를 기본으로 한 응용 형태에 불과합니다.

$$\int_0^\infty e^{-\frac{x^2}{2}}\,dx = \frac{\sqrt{\pi}}{2}$$

아무튼 '무한급수 꼴로 나타나지만 수렴하는 극한값을 갖는' 형태의 특성이 담긴 현상에는 모두 e를 필요로 하고, 역으로 e가 나타나는 식에 대응되는 현상은 '무한급수 꼴로 나타나지만 수렴하는 극한값을 갖는다'는 사실만은 기억해 두면 좋겠습니다. 앞으로 공부하다 보면 무슨 뜻인지 몰라 당혹하게 만드는 식들 중에는 바로 e와 관련된 내용이 많은데, 그때 이러한 사실을 기억하고 있으면 훨씬 쉽게 공부할 수 있습

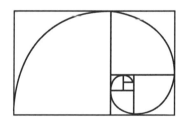

소용돌이 로그 나선에 내접하는 직사각형(왼쪽)과 앵무조개(오른쪽)

니다.

6. 피보나치수열 및 황금비와 연관된 수많은 자연 현상들은 도형적으로 로그 나선형의 궤적을 보이는데, 이에 대한 대수적 표현에는 당연히 e를 필요로 합니다. 열거할 예가 너무 많지만 눈에 띄지 않는 현상이나 실생활에서 실감나게 경험할 기회가 없는 예들은 생략했습니다.

이상 열거된 것들에 대한 세부적 이해는 다음 수업에 이어집니다.

책을 읽고 있군요.

선생님, 오셨어요?

선생님에 관한 책을 읽고 있었어요. 선생님이 허수의 탄생에 기여하셨다고 되어 있는데, 이 새로운 수는 어디서 생겨나는 것인가요?

바로 방정식에서 나온 겁니다.

앞서 소개한 0, 음수, 유리수, 무리수 등을 포함해서 허수까지 하나의 시리즈처럼 모두 방정식을 통해서 일관되게 설명할 수 있습니다.

방정식은 저희도 많이 다뤄봐서 친숙해요. 일차방정식의 근은 1개의 유리수예요.

그렇습니다. 이차방정식의 근을 살펴볼까요? 여기서 근호 속 b^2-4ac의 값이 0일 때는 근이 유리수, 0보다 클 때는 무리수입니다. 문제는 이 값이 0보다 작을 때입니다.

$$ax^2 + bx + c = 0 \ (a \neq 0)$$

$$x = \frac{-b \pm \sqrt{b^2-4ac}}{2a}$$

b^2-4ac가 0보다 작을 때의 근은 서로 다른 두 허근이라고 배웠어요.

네, 이때 $\sqrt{-1}$을 하나의 새로운 기호 i라고 표시하면 모든 허수들은 이것의 실수 배로 나타낼 수 있습니다.

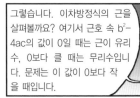

$$\sqrt{1}i, \sqrt{2}i, \sqrt{3}i, \sqrt{4}i, \sqrt{5}i, \cdots.$$

그런데 누가, 왜 $\sqrt{-1}$을 i로 표시했나요?

가상의 허수라고 생각했던 $\sqrt{-1}$에 적극적인 존재성을 부여하여 기호 i라고 상징한 사람이 바로 나, 오일러입니다.

지수함수와 함께 등장하는 e

e는 보통 방정식을 푸는 과정에는 나타나지 않습니다.
e가 나타나는 중요한 경로인 지수함수에 대해 알아봅시다.

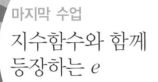

마지막 수업

지수함수와 함께 등장하는 e

오일러가 *e*에 대해 좀 더
자세히 알아보자며
마지막 수업을 시작했다.

같은 수를 거듭해서 곱하는 계산과 지수

우선 각 용어의 정의가 무엇인지 살펴보겠습니다.

나이와 같은 시간의 흐름은 가장 흔한 양적 변화입니다. 그
러한 변화는 계속 더해 나가면 됩니다. 시간이 1년, 2년, 3년
지남에 따라 나이는 1세, 2세, 3세로 바뀌니까요. 1:1, 2:2,
3:3, …이 되므로 시간 대 나이는 $x:x$의 관계입니다. 이런
대응 관계를 함수라고 하는데, 방금 예는 햇수가 곧 나이가
되므로 대등한 함수, 즉 항등함수라고 부릅니다.

또 매년 100만 원씩 모으는 사람은 시간이 1년, 2년, 3년 지남에 따라 100만 원, 200만 원, 300만 원을 모은다고 할 수 있습니다. 1 : 100만 원, 2 : 200만 원, 3 : 300만 원, …이 되므로 시간 대 저축액은 x : (100만 원)$\times x$의 관계입니다. 이런 관계를 일차함수라고 합니다. 세상에는 이와 다른 대응 형태가 많이 있습니다. 이를테면 정사각형의 한 변의 길이에 따른 넓이를 생각할 수 있습니다. 이 경우 변의 길이 대 면적은 $1 : 1^2$, $2 : 2^2$, $3 : 3^2$, …이므로 $x : x^2$의 관계입니다. 이런 관계는 무엇이라고 할까요?

견자 이차함수라고 합니다.

향원 길이에 대응하는 부피의 관계는 삼차함수이고요.

맞습니다. 세상에는 또 이와 동등하게 많이 존재하지만 눈에 덜 띄는 대응 관계도 있습니다.

해가 바뀔 때마다 수출이 2배로 증가한다거나, 낭비를 절반으로 줄인다거나 하는 표현은 매우 친숙합니다. 이때의 대응 관계를 표현하는 것은 방금 살핀 것처럼 단지 차수를 높이는 식으로는 불가능합니다.

견자 그럼 어떻게 해야 하나요?

향원 1 : 2, 2 : (2×2), 3 : (2×2)×2, …와 같이 햇수에 따라 2를 계속 거듭해서 곱해 주는 관계인 것은 알겠는데…….

광인 곧 될 것 같지만 보기 좋게 되질 않네요.

이런 경우에 지수를 사용하면 무척 편리합니다.

$$1 : 2^1, \ 2 : 2^2, \ 3 : 2^3, \ \cdots \rightarrow x : 2^x$$

여기서 거듭제곱 횟수를 나타내는 2의 위첨자를 지수라고 합니다. 항등함수를 $y = x$, 일차함수를 $y = ax + b (a \neq 0)$, 이차함수를 $y = ax^2 + bx + c (a \neq 0)$, …로 나타낼 때 이런 모든 함수를 통틀어 대수함수라고 부릅니다. 그리고 이런 계열의 함수와 다른 함수들을 초월함수라고 합니다. 지금 우리는 $y = 2^x$ 꼴의 지수함수라는 초월함수 하나를 살핀 셈입니다. 지수함수의 일반형은 다음과 같이 쓸 수 있습니다.

$$y = a^x \ (a > 0)$$

견자 어려워요.

인정합니다만, 어렵다기보다 낯설다는 표현이 더 적절하다고 봅니다. 자꾸 설명을 듣다 보면 조금씩 친숙해질 것입니다.

견자 저도 인정합니다. 그런데 e는 언제 나오나요?

하하하! 앞의 식 $y = a^x$에서 문자 a의 값들 중 특정한 하나입니다.

광인 a라면 양의 실수가 모두 후보인데, 그 많은 수들 중 어떤 기준을 만족해야 e인가요? 특별한 기준이 있을 것 같습니다.

핵심을 찌르는 질문입니다. 그것을 정하는 기준은 자연스러움입니다. 사람들은 그런 자연스런 기준으로 삼을 만한 것들을 몇 가지 떠올렸습니다. 각기 그럴듯한 근거를 가지고 있는 것들입니다.

놀라운 사실은 이들 몇 가지 근거의 결론이 한결같이 하나의 값으로 일치한다는 사실입니다. 인간이 생각할 수 있는 가장 자연스러운 기준들을 모두 만족하는 유일한 값, 만장일치의 자연스러운 값, 그것을 e라고 지칭한 것입니다.

이러한 e를 정하는 기준은 도형적(기하학) 접근, 산술적(대수학) 접근, 해석학적(미적분) 접근, 자연 현상적 접근의 4가지입니다. 이중 도형적 접근에 대해 자세히 설명해 보겠습니다.

e를 정하는 기준 : 도형적 접근

여러분은 이 모두를 다 이해할 수도 있고, 부분적으로 이해할 수도 있습니다. 그리고 경우에 따라서는 전혀 이해하지 못할 수도 있습니다. 그렇지만 지금 당장 이해하지 못하는 것은 큰 문제가 되지 않습니다. 그것은 여러분의 선행 학습

정도에 달린 것입니다. 수시로 선행 학습을 병행하면서 반복
하여 이해의 범위를 넓혀 가면 됩니다.

제자 일동 명심하겠습니다.

지금부터는 학습 내용의 성격상 거의 일방적 강의가 될 것
같습니다. 먼저 e를 정하는 몇 가지 기준 가운데서도 가장 기
본이 되는 것으로 지수함수를 통한 도형적 접근을 살펴보겠
습니다.

이젠 어느 정도 알다시피, 어떤 양의 상수 a, 그리고 모든
실수 값을 취하는 변수 x가 있을 때, 함수 $y = a^x$를 일컬어 a

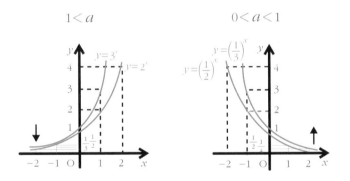

지수함수의 밑을 3, 2, $\frac{1}{2}$, $\frac{1}{3}$ 등으로 하여 위와 같이 그래프를 그리면
$a > 1$이면 증가 함수이고, $0 < a < 1$이면 감소 함수이다.

를 밑으로 하는 x의 지수함수라 합니다. 쉽게 말해서 지수 x가 변수인 함수입니다. 이는 고등학교 수학에서도 다루는 대표적인 초월함수 가운데 하나입니다.

왼쪽 페이지 그래프를 참고하면서 생각해 봅시다. 일단 a가 0 이하인 경우는 $y = a^x$가 지수함수로서의 의미를 갖지 못합니다. 그래서 아예 처음부터 a는 양의 실수라고 못 박아 놓았습니다. 그리고 a가 양수라고는 해도 1인 경우는 $y = 1^x = 1$로서 사실상 상수함수이므로 이것도 제외합니다.

그러면 지수함수는 a가 1보다 큰지 작은지에 따라 크게 둘로 나뉜다고 볼 수 있습니다. 이것은 a의 값이 $0 < a < 1$인 경우와 $1 < a$인 경우가 전체 지수함수를 정확하게 둘로 양분한다는 점입니다. 이렇게 a의 값이 $0 < a < 1$인 경우와 $1 < a$인 경우로 크게 나누어 보면 그래프는 서로 y축을 사이에 두고 완전히 대칭입니다. 다시 말해서 서로 대칭인 그래프로 나타납니다.

견자 말씀하시는 중간에 가로막아 죄송합니다. 방금 말씀하신 내용이 잘 이해되지 않습니다. 1보다 큰 수들이 0과 1 사이의 수들보다 압도적으로 많은데 어째서 그 두 경우가 전체를 똑같이 양분할 수 있습니까?

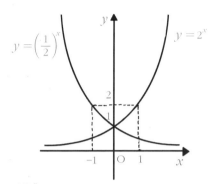

$y=\left(\dfrac{1}{2}\right)^x$의 그래프는 $y=2x$의 그래프와 y축에 대하여 대칭

    견자는 언제나 질문이 예상되는 대목에서 반드시 질문을 하는군요. 설명을 할 테니 모두들 귀담아듣기 바랍니다. 왜 하필 1을 기준으로 해서 갈라져야 하는지 아주 간단히 생각해 봅시다. 1보다 큰 실수는 어느 것이나 그 역수를 취하면 0과 1 사이의 값이 되고, 또 그 역도 성립한다는 것은 누구나 알 수 있습니다. 따라서 1보다 큰 실수 전체는 0과 1 사이의 실수 전체와 일대일대응을 이룬다고 해도 모순이 없습니다. 이로써 견자의 질문에 대한 답은 된 것 같습니다.

    그래도 남는 의문이 있다면 아마도 이런 경우겠지요. 1이라는 수가 전체를 양분하는 기준이 '될 수 있음'은 인정하지만, 그 기준이 왜 꼭 1이어야 하는지에 대한 것일 겁니다. 이에 대해서는 지금 다루고 있는 함수가 지수함수임을 유념하라는 충고가 유효할 듯합니다. 두 지수함수의 밑이 서로 역수 관계에 있음은 곧 두 함수의 지수 부호가 서로 반대인 관계와 동치입니다.

2^x와 $\left(\dfrac{1}{2}\right)^x$의 관계는 2^x와 2^{-x}와의 관계와 동치이다.

그리고 두 변수의 부호가 반대인 관계란 곧 두 변수가 0을 기준으로 대칭적으로 양분되어 있는 관계로 나타납니다. 한편 두 수가 역수 관계라는 의미는 두 수의 곱이 1이라는 것입니다. 따라서 두 지수함수에서 밑 a가 1을 기준으로 하는 역수 관계일 때, 그것에 대응하는 두 변수(지수)에서는 0을 기준으로 하는, 즉 부호가 반대인 대칭적 양분 관계로 나타나는 것입니다. 이 내용은 한 번 더 상기해야 할 필요가 있기에 비교적 상세히 설명했습니다.

지금까지 말하고자 했던 중간 결론은 다음과 같습니다. $y = a^x$ 꼴의 지수함수는 밑 a의 값이 $0 < a < 1$인 유형과 $1 < a$인 유형으로 정확하게 양분됩니다. 따라서 이 둘 중 어느 한 유형에 대해서만 정리해도 지수함수 전체를 정리한 셈이 됩니다. 그래서 우리는 이 둘 가운데 어느 한 유형만을 모델로 삼아 정리하되, 기왕이면 우리에게 친숙한 $1 < a$인 유형에 집중하게 된 것

입니다. 이 유형의 지수함수뿐만 아니라 모든 지수함수는 $x=0$인 경우에, 또 그때에 한해서만 $y=1$에서 만납니다. 그런데 $1<a$인 유형의 지수함수 $y=a^x$가 공통으로 지나는 유일한 점 $(0, 1)$에서의 접선 기울기 m은 $0<m$인 범위의 임의의 값을 취하게 됩니다. a가 1에 가까울수록 m은 0에 가깝고, a가 커질수록 m도 커집니다. 여기서 우리는 $0<a$를 1로 기준을 삼아 분류했던 것과 마찬가지로, 다시 $0<m$을 1로 기준 삼아 분류하게 됩니다.

왜 하필 m이 1이어야 하는가에 대해서는 앞에서 상세히 설명한 내용을 다시 한 번 음미하면 될 것입니다. 그렇지만

a값의 크기에 따른 $y=a^x$ 그래프

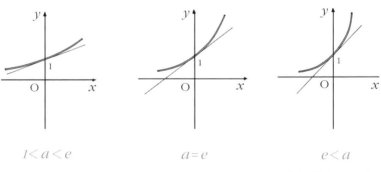

$1<a<e$	$a=e$	$e<a$
좌표 $(0, 1)$에서 접선 기울기가 0보다 크고 1보다 작음	접선 기울기가 1임	접선 기울기가 1보다 큼

이 경우는 m이 양의 기울기라는 사실을 좌표평면에서 보면, $m = 1$을 기준으로 해서 전체가 양분됨을 쉽게, 직관적으로도 확인할 수 있을 것입니다. 마침 $m = 1$일 때의 밑 a값을 e라고 정한 것입니다.

임의의 지수함수 $y = a^x$의 그래프가 반드시 지나게 되는 한 점 (0, 1)에서의 접선 기울기가 1일 때, 밑 a의 유일한 값을 특별히 일컬어 e라고 정한 것이다. 다시 말해서 점 (0, 1)에서의 접선 기울기가 1인 지수함수를 특별히 일컬어 $y = e^x$라고 정한 것이다.

이것을 확대 적용하면 다음과 같습니다.

임의의 지수함수 $y = a^x$의 그래프가 지나게 되는 모든 점 (x, a^x)에서의 접선 기울기가 a^x일 때, 그때의 밑 a의 유일한 값을 특별히 일컬어 e라고 정한 것이다. 다시 말해 그래프 상에서의 모든 점에서 접선 기울기가 그 점에서의 y값인 지수함수를 특별히 일컬어 $y = e^x$라고 정한 것이다.

이것이 e를 정하는 기준으로서 가장 기본이 되는 도형적 접근인 것입니다. 알고 보니 싱겁기 짝이 없다는 생각이 들

수도 있겠지만 e의 유래 자체는 정말 그렇습니다.

e를 정하는 기준 : 또 하나의 도형적 접근

　너무 어려워하지 않을까 걱정했는데 모두들 잘 따라와 주어서 기쁨이 실로 큽니다. 또 하나의 도형적 기준을 마저 설명하는 것으로 이 귀한 기쁨에 보답하겠습니다. 그것은 지수함수와 역함수 격인 로그함수를 통해서도 e가 정해지는 것을 확인해 보는 것입니다. 그때의 로그를 특별히 자연 로그라고 부르는데, 이번 시간은 그 현장을 답사하는 마음으로 시작합시다.

　제자 일동 기대가 됩니다.

　오래된 수학 문제 가운데 그리스 사람들이 시작해서 2,000년 동안 씨름해 온 문제로, 직교 쌍곡선 아랫부분의 넓이를 구하는 문제가 있습니다. 직교 쌍곡선이라고 하니까 식이 대단히 어렵고 복잡할 것이라 생각할 수도 있으나, 실은 다음과 같은 간단한 식으로 표시되고 그래프도 무척 우아하게 나타납니다.

　직교 쌍곡선 아래의 넓이는 곡선과 x축, 두 직선 $x = 1$과 $x = t$로 둘러싸인 영역의 넓이를 의미할 때 가장 자연스럽다고 할 수 있습니다. 이 문제에 도전한 사람 중에는 아르키메데스(Archimedes, B.C.287~B.C.212)도 있지만, 그는 실패했습니다.

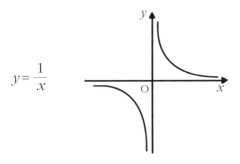

$$y = \frac{1}{x}$$

　17세기 들어서 페르마는 더욱 번뜩이는 아이디어로 이 문제를 해결하고자 했습니다. 직교 쌍곡선 식도 알고 보면 좀 더 일반적인 꼴의 식 $y = x^n$에서 $n = -1$인 경우, 즉 $y = x^{-1}$이라는 점에 착안한 것입니다. 만일 $y = x^n$ 그래프의 아래 면적을 구하는 식을 얻으면 그 식에다 $n = -1$만 대입하면 되니까요. 정말 대단한 발상이고 그 결과도 성공적으로 얻어냈습니다. x의 구간이 [0, t]이고 t는 양수일 때, 곡선 $y = x^n$의 아래 영역의 넓이는 $S(t) = \dfrac{t^{n+1}}{n+1}$ 이 되고, n이 음수일 때에도 이 결과가 유효하다는 사실을 밝혔습니다. 이 결과는 라이프니츠와 뉴턴에 의해서 적분으로 처리한 것보다 30년 이상 앞선 대단한 성과입니다.

그렇지만 안타깝게도 $n = -1$인 직교 쌍곡선, 오직 이 한 경우만은 분모가 0이 되어 곡선 아래 넓이를 얻을 수 없었습니다. 이처럼 모든 시도를 고집스럽게 저항한 것으로 더욱 유명한 문제가 바로 직교 쌍곡선 아래 넓이를 구하는 문제였습니다. 이런 곡선 아래 x축과 이루는 넓이 S가, x의 구간이 $[1, t]$일 때([0, t]가 아님에 주의), t에 관한 로그함수(지수함수의 역함수)로 나타난다는 사실을 발견한 사람은 수도자 성 빈센트입니다. 그는 $S(t) = \log t$임을 알아냈습니다. 당시까지는 로그가 단순 계산 도구였는데, 이것은 로그를 함수적으로 활용한 최초의 경우입니다. 그리고 이 발견에 대해서 처음으로

수학자의 비밀노트

로그함수와 지수함수

로그함수는 지수함수와 역함수라고 했는데, 지수함수 $y=a^x$는 $x=\log_a y$ 이므로 그 역함수인 로그함수는 $y=\log_a x$입니다. 예를 들어 $8=2^3$일 때, 그 역함수 꼴은 $3=\log_2 8$입니다.

기록한 사람은 그의 제자 사라사(Alfonso Sarasa, 1618~1667)입니다.

이로써 유서 깊은 문제가 실로 2,000여 년 만에 해결되었는데, 1가지 문제가 여전히 남았습니다. 공식 $S(t) = \log t$는 변수 t에 대한 함수로, x의 구간이 $[1, t]$일 때 직교 쌍곡선 아래의 넓이를 나타내지만, 로그의 밑이 정해지지 않았기 때문에 수치적인 계산에는 아직 적절치 않습니다. 이 공식을 실용적으로 이용하기 위해서는 반드시 밑을 결정해야 합니다. 그런데 아무런 밑이라도 관계없을까요?

견자 솔직히 말해서 잘 모르겠습니다.

광인 아무런 밑이라도 관계없는 것 같지는 않습니다. 제 생각에는 특정한 밑이어야 합니다. 왜냐하면 곡선 아래의 넓이는 밑의 선택과 관계없이 독립적으로 존재하기 때문입니다. 다시 말해 면적은 오직 t만 정해지면 그에 따라 정해지는 특정 값을 갖기 때문입니다.

정말 예리하군요. 그래서 실제 넓이와 수치적으로도 일치할 수 있는 어떤 특정한 밑이 반드시 있어야 합니다. 예컨대 반지

름 r인 원의 넓이가 kr^2임을 알고 있지만, k의 값을 임의로 선택해서는 안 되는 것과 같은 이치입니다. 이처럼 수치적으로도 일치하는 로그의 밑은 특정한 값일 뿐만 아니라 유일하게 존재합니다.

견자 실감 나는 예를 들어 주시면 이해하는 데 도움이 될 것 같습니다.

그러지요. 이 사실을 확인하는 일은 아주 쉽습니다. 밑을 충분히 크게 잡으면 면적 $S(t)$는 실제 면적보다 아주 작게 됩니다. 마치 원의 넓이 kr^2에서 k값을 아주 작게 정한 것과 같습니다. 이 k값을 조금씩 크게 하다 보면 오늘날 우리가 알고 있는 π값에 이르게 되고, 바로 그때 실제 원의 넓이와 자연스럽게 딱 일치하듯이, 로그의 밑을 조금씩 줄여 나가면 넓이 $S(t)$의 값은 꾸준히 커집니다. 정리하면, 로그의 밑을 1에서 조금씩 크게 해 나가다 보면 넓이 $S(t)$가 줄어들다가 실제 넓이와 일치하는 유일한 시점을 맞이합니다. 그리고 이어서 실제 넓이보다 작아져서 0에 가까워집니다.

어떤 로그의 밑을 정한다고 할 때 누구나 $S(t)$의 값이 실제 넓이와 일치하게 하는 값으로 정할 것입니다. 그런 밑은 실

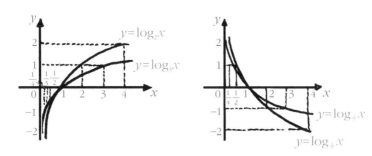

$a>1$　　　　　　$0<a<1$

로그함수 $y=\log_a x$에서 $a>1$이면 증가 함수, $0<a<1$이면 감소 함수

제 값과도 일치하기 때문에 가장 자연스러운 밑이라 할 수 있습니다. 실제와 일치함은 가장 자연스러운 선택이니까요. 그 밑이 구체적 수치로 얼마인지는 아직 모르지만 그런 값이라고 지정할 수 있다는 것은 마치 원주율을 수치적으로 얼마인지는 모르지만 π라고 할 수 있는 것과 같습니다. 로그의 경우 그런 자연스러운 밑을 e라고 지정했습니다. 이것이 e를 정하는 또 하나의 도형적 기준입니다.

　우리는 십진수를 사용하기 때문에 로그의 밑을 10으로 잡아야 하는 경우도 많습니다. 그래서 관행적으로 약속하기를 그냥 $\log x$라고 쓰면 밑이 10인 경우이고, 밑이 e인 경우는 이와 구별하기 위하여 $\ln x$라고 씁니다. 그리고 자연스러운 선택의 과정을 거쳐서 정해진 e를 밑으로 하는 로그, 즉 자연로그라고 부릅니다. 그 외 특별한 밑이 사용된 경우에는 그 밑을 밝혀 $\log_a x$로 씁니다. 이제 $S(t) = \log_e t = \ln t$입니다. 그렇다면 x의 구간이 $[1, t]$가 아닌 $[1, e]$인 경우를 생각해 봅시다.

그런 구간에서의 넓이는 $S(e) = \log_e e = \ln e = 1$이라는 결과가 나옵니다. 이 사실은 다음과 같이 해석할 수 있습니다.

e는 쌍곡선 아래 넓이를 1로 만드는 x축 상의 선분의 길이이다.

광인 선생님께 직접 듣는 행운을 실감하는 내용입니다. 그런데 1가지 의문이 있습니다. 네 번째 수업에서 소개하신 e와 지금 소개하신 e가 각각 나름대로 자연스러움의 근거를 충분히 갖고 있습니다만, 과연 둘이 일치하는 같은 수일까요?

정말 예리하군요. 이 수업을 집중해서 들었다면 당연히 갖게 되는 의문입니다. 결론을 말하자면 일치합니다. 여러분은 여기까지만 알아도 충분합니다. 상세한 증명, 즉 두 값이 일치함을 확인하는 과정은 고등학교 이과 과정 중에서도 심화 학습을 필요로 하는 학생에 한해서 배우는 것으로 충분합니다.

제자 일동 선생님의 열정적인 가르침에 감사드립니다.

그러니까 200개라니깐!

아니지. 내가 중간에 50%로 150개 받고 그것에 또 50%니깐 225개 아니야?

무슨 일로 그렇게 다투나요?

제가 향원에게 카드를 100장 빌려서 10일 후에 100%의 이자를 주어 돌려주기로 했거든요. 그런데 서로 계산이 달라요.

10일 후에 100% 이자를 줄게.

아, 그것은 중간 이자까지 재투자 되는지 아닌지에 따라 생긴 결과인데 견자 방식을 단리법이라고 하고 향원의 방식을 복리법이라고 합니다.

좀 더 자세히 설명해 주세요.

각자 생각하는 10일 뒤의 카드의 개수를 식으로 써서 비교해 보죠.

$$100 \times (1+1)$$
= (본래 카드의 2배)

$$\left\{ 100 \times \left(1+\frac{1}{2}\right) \right\} \times \left(1+\frac{1}{2}\right)$$
= (본래 카드의 2.25배)

카드가 아닌 돈이라고 생각해 볼까요? 이자를 n번에 나누어 받을 경우 1년 뒤에 받는 총액을 일반화시키면 다음과 같지요.

그럼 나누어 받는 횟수가 많아질수록 받는 돈도 늘어나게 되네요.

1년 뒤에 받는 총액 = $\left(1+\frac{1}{n}\right)^n$

하지만 n의 값이 무한대로 커지면 이 값은 어떤 일정한 값에 도달하게 되는데 그 값을 e라고 합니다.

n	$\left(1+\frac{1}{n}\right)^n$
100	2.70481…
1,000	2.71692…
10,000	2.71815…
100,000	2.71827…
1,000,000	2.71828…
10,000,000	2.71828…
∞(무한대)	?

수학계의 모차르트
오일러Leonhard Euler, 1707~1783

오일러는 스위스의 수학 명문 베르누이 가문의 문하생을 거쳐 당대 수학을 절정에 이르게 했다는 점에서 수학계의 모차르트로 불리기도 합니다. 모차르트 역시 음악 명문 바흐 가문의 문하생을  거쳐 당대의 음악을 절정에 이르게 했기 때문입니다.

일찍부터 수학 신동이었던 오일러는 31세에 오른쪽 눈의 시력을 잃었고, 백내장 수술을 하였지만 완전히 실명했습니다. 하지만 두 눈이 멀었음에도 불구하고 놀랍게도 58세 이후에 그의 업적의 반을 만들어 냈습니다.

오일러는 886편의 책과 논문을 남겼으며, 해석학, 미분방정식, 특성함수, 방정식론, 수론, 미분기하학, 사영기하학,

확률론 등 수학의 모든 분야에서 학문적 자취를 남겼습니다.

　그는 무엇보다 해석학과 해석기하학, 삼각법에서 큰 도약을 이루었습니다. 결국 그는 라이프니츠의 미적분학과 뉴턴의 미적분법을 수학적 해석학으로 통합하였습니다.

　이외에도 오일러의 업적은 설명할 수 없을 만큼 많습니다. 최근 전 세계적으로 열풍을 일으키고 있는 두뇌 개발 게임 '스도쿠'의 창시자도 실은 오일러라 할 수 있습니다.

　오일러는 1783년 9월 7일, 갑자기 세상을 떠났습니다. 그는 실명했음에도 불구하고 죽는 순간까지 수학적인 활동을 멈추지 않았습니다. 보고된 바에 의하면 마지막 날을 손자들과 함께 그즈음의 정리와 천왕성에 대한 이야기를 하며 보냈다고 합니다. 오일러는 그야말로 '죽어서야 비로소 계산을 멈춘 수학자'입니다.

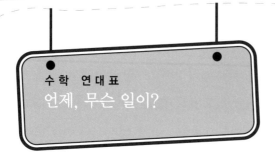

수 학 연 대 표
언제, 무슨 일이?

수학사		세계사

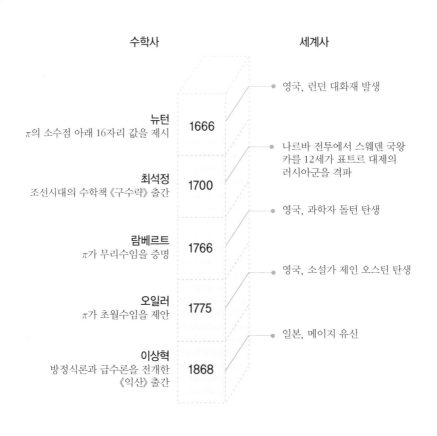

뉴턴
π의 소수점 아래 16자리 값을 제시 — **1666** — 영국, 런던 대화재 발생

최석정
조선시대의 수학책《구수략》출간 — **1700** — 나르바 전투에서 스웨덴 국왕
카를 12세가 표트르 대제의
러시아군을 격파

영국, 과학자 돌턴 탄생

람베르트
π가 무리수임을 증명 — **1766**

영국, 소설가 제인 오스틴 탄생

오일러
π가 초월수임을 제안 — **1775**

일본, 메이지 유신

이상혁
방정식론과 급수론을 전개한
《익산》출간 — **1868**

체크, 핵심 내용

이 책의 핵심은?

1. 2 이상인 자연수 중에서 약수가 1과 자신뿐인 수를 ☐☐ 라고 하며 소수가 아닌 수, 즉 1과 자신 이외의 약수를 갖는 수를 ☐☐☐ 라고 합니다.

2. 공약수, 즉 공통인 약수가 오직 1뿐인 두 수의 관계를 ☐☐☐ 라고 합니다.

3. '만물의 근원은 수이다' 라고 말한 고대 그리스의 수학자는 ☐☐☐ ☐☐ 입니다.

4. 18과 24는 1보다 큰 공약수로 2, 3, 6을 갖습니다. 두 수의 ☐☐☐ ☐☐ 는 18 × 24＝432를 6으로 나눠 준 72입니다.

5. 방정식을 푸는 과정에서는 절대 나타나지 않는 수들도 있습니다. 대표적인 예로 지름에 대한 원주의 비인 원주율 π와 자연로그의 밑인 e를 들 수 있습니다. 이런 수들을 일컬어 ☐☐☐ 라 부릅니다.

삼각함수, MP3 파일, 숫자 퍼즐 '스도쿠'. 얼핏 생각하면 전혀 연관이 없을 것 같은 이 3가지에 공통점이 있습니다. 바로 스위스 출신 수학자 오일러 덕분에 만들어졌다는 점입니다.

디지털 음원 압축 파일인 MP3는 오일러가 창시한 삼각함수를 응용해 개발되었습니다. 파동으로 나타나는 아날로그 음원의 신호를 삼각함수를 이용해 일정한 주파수 범위로 잘라낸 뒤 음악 재생에 필요한 값만 모아 파일 덩치를 줄인 것이라 할 수 있습니다. 또 덩치가 큰 이미지 파일을 JPEG 방식으로 압축할 때도 삼각함수를 씁니다. JPEG로 압축할 때는 이미지 원본을 여러 작은 정사각형으로 쪼갭니다. 각 정사각형은 색 정보를 담고 있는데, 이를 삼각함수로 처리해 필요한 정보만 모아 덩치를 줄인 다음 디지털 신호로 바꿉니다.

이처럼 삼각함수를 MP3나 JPEG에 응용할 수 있게 된 것은 오일러가 복잡한 함수 계산법을 간결한 공식인 $e^{\pi i} = -1$로 함축해 담아 낼 수 있었기 때문입니다. 이 공식은 수학자들 사이에서 '인류 역사상 가장 아름다운 수식'이라고 불립니다.

스위스 제네바 대학 수학과 바너 교수는 "오일러가 없었다면 현대 수학과 과학 기술의 근원이 되는 대부분의 이론이 존재하지 못했을 것이다"라고 평가했습니다.

또 오일러는 고대부터 전해 내려온 수학 문제인 '라틴 방진'을 연구해 네모 안에 글자나 숫자를 채워 넣는 퍼즐로 발전시켰습니다. 이것이 최근 인기를 모은 숫자 퍼즐 스도쿠의 원형입니다.

그런데 이런 스도쿠는 1700년경 《구수략》이라는 수학책을 지은 조선의 최석정과도 깊은 연관이 있습니다. 그는 9차 직교 라틴 방진 문제를 오일러보다 앞서서 생각하여 풀었고, 불가능한 것으로 알려졌으나 현대에 풀린 10차 방진에 도전한 바 있습니다.

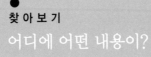